吕梁黄河风情

摄影 / 将巨涛

宁准部出晨（套）字[2022]第 0472 号

王介赫攝影

皇岸

银川市古树名木与重点保护树木资源

主编 ◎ 杨晓艳　苏东岩

YINCHUANSHI
GUSHUMINGMU YU ZHONGDIAN
BAOHU SHUMUZIYUAN

黄河出版传媒集团
阳光出版社

图书在版编目（CIP）数据

银川市古树名木与重点保护树木资源 / 杨晓艳, 苏东岩主编. -- 银川 : 阳光出版社, 2023.9
　　ISBN 978-7-5525-7006-9

Ⅰ. ①银… Ⅱ. ①杨… ②苏… Ⅲ. ①树木－介绍－银川 Ⅳ. ①S717.243.1

中国国家版本馆CIP数据核字(2023)第174148号

银川市古树名木与重点保护树木资源

杨晓艳　苏东岩　主编

责任编辑　马　晖
封面设计　张　兰
责任印制　岳建宁

出版发行

出 版 人　薛文斌
地　　址　宁夏银川市北京东路139号出版大厦（750001）
网　　址　http://www.ygchbs.com
网上书店　http://shop129132959.taobao.com
电子信箱　yangguangchubanshe@163.com
邮购电话　0951-5047283
经　　销　全国新华书店
印刷装订　银川金利丰彩色印刷有限责任公司
印刷委托书号　（宁）0027165

开　　本　787 mm×1092 mm　1/16
印　　张　21.5
字　　数　260千字
版　　次　2023年9月第1版
印　　次　2023年9月第1次印刷
书　　号　ISBN 978-7-5525-7006-9
定　　价　168.00元

版权所有　翻印必究

编委会

主　　任：李　伟　席静宜　廉用奇

副 主 任：李文奇　常　青　杨占峰

主　　编：杨晓艳　苏东岩

副 主 编：陶艳春　刘丹丹　姚加佳　马　骏

编写人员：杨晓艳　苏东岩　陶艳春　刘丹丹　姚加佳　马　骏
　　　　　张裴缘　马占虎　刘　涛　沈　海　梁　瑛　周海彬
　　　　　陈丽红　刘媛媛　张强华　贺继文　汪绍洋　赵瑞秋
　　　　　丁永峰　刘　宝　董新明　李　媛　水江浩　邓宏兼
　　　　　苏婷婷　高小莉　王玉霞　高晓云　邱小军　王兴隆
　　　　　高　彬　吴正强　赵兰地　常海涛　康晓强　袁　瑱
　　　　　赵学鹏　杨日东　杨蔚景　陈海洋　汤　军　李少鹏
　　　　　赵　越　周雪燕　李小刚　严亮亮　常晓辉　阿日根
　　　　　杨　文　庄　文　李　波　孙竞锋

作者简介

杨晓艳，女，回族，1976年出生，宁夏同心县人，中共党员，毕业于北京林业大学，获得硕士学位，高级园林工程师，现任银川市自然资源局林草建设科科长。长期从事林业和城市园林绿化景观规划设计、荒漠化治理和生态修复等工作。主持完成多项宁夏重点研发计划项目，参与编写银川市生态建设类总体规划、保护修复规划和方案等，研究、编制发行多项技术规程地方标准，发表学术论文10余篇。先后被评为银川市、自治区先进个人，获得全国绿化奖章。

苏东岩，男，汉族，宁夏灵武市人，中共党员，高级林业工程师，长期以来一直从事林业工作。先后担任宁夏灵武园艺试验场技术员、生产科长、场长，宁夏优质农产品开发服务中心副主任。1988年获"自治区民族团结先进个人"。主持过"苹果新品种选育""红富士苹果栽培技术研究和推广""核果类—桃、李、杏优良品种的选育与推广"等课题研究和推广项目，先后获宁夏回族自治区科技进步奖三等奖4项。

前言

古树名木是自然界和前人留下的珍贵遗产,记录了大自然的历史变迁,孕育了自然界优美的生态景观,具有极其重要的历史、文化、生态、科学研究和经济价值。古树名木是绿色活化石,是林木种质资源中的瑰宝,是无法复制和不可再生的珍贵自然资源。同时也是森林旅游的重要资源,对提升园林景观,维护生物多样性和保护生态环境有着不可替代的作用。古树名木承载着历史的记忆,关系民生福祉,也是美丽中国不可替代的风景。从这个意义上来说,古树名木是公共资源,需要我们共同守护,在全社会形成保护古树名木的理念和氛围,让古树名木展现盎然生机。

银川市为宁夏回族自治区首府,是全区政治、经济、文化中心,辖"三区二县一市"(兴庆区、金凤区、西夏区、贺兰县、永宁县和灵武市),是一座历史悠久的塞上古城。汉武帝元鼎五年(即公元前112年),在今兴庆区掌政镇建立了北典农城(俗称吕城),这是银川建城之始,距今已有2135年的历史。汉、唐、元、清各朝代修建的古渠系,现在依然发挥着灌溉作用,得天独厚的引黄灌溉条件,使银川境内湖泊棋布,沟渠纵横,阡陌交错,稻香四溢,自古便有"塞上江南、鱼米之乡"的美称。

改革开放以来,银川市绿化事业实现了跨越式发展。截至2022年,最新林草湿地综合监测数据统计,银川市现有林地面积139.82万亩,森林面积118.63万亩,森林覆盖率11.39%;全市共有综合公园、社区公园、专类公园、游园等209处,公园绿地面积达到4.25万亩;建成区(兴庆区、金凤区和西夏区)绿地总面积12.17万亩,绿地率、绿化覆盖率、人均公园绿地面积分别达到41.61%、41.22%、16.61m^2/人。2006年至今,银川市先后获得"自治区园林城市""国家园林城市""国际湿地城市"。2022年争创"国家森林城市""国家生态园林城市"。

银川市作为国家历史文化名城之一,拥有悠久的历史文化资源,市域内保存的古树名木数量较多,这些古树名木被视为"活文物",受到各级政府的普遍重视,基本能够做到古树名木规范保护、精准监控和有效管理,让古树名木"老有所依"。

根据《古树名木鉴定规范》(LY/T 2737—2016)、《全国古树名木普查建档技术规定》,树龄百年以上的树即为古树,分为一、二、三级:一级古树树龄500年以上,二级古树树龄

300~499年，三级古树树龄100~299年；3株及以上、成片生长的古树称古树群。树种稀有、名贵或具有历史价值、纪念意义的树木称为名木，不受树龄限制，亦不分等级。重点保护树木，指树龄在50~99年的树木，是古树重要的后备资源。

2020—2022年，银川市自然资源局（银川市林业和草原局）、银川市园林管理局先后组织宁夏大学、北京中林国际林业工程咨询有限公司等单位对银川市的古树名木及重点保护树木进行了调查、复核和鉴定。根据普查结果，银川市古树名木资源较为丰富，截至2023年5月，全市共有古树名木10 507株，其中，单株古树27株、古树群11处10 468株、名木12株；有重点保护树木7 856株。

从全市普查来看，大部分古树名木生长环境较好，在总株数18 363株的古树名木和重点保护树木中，分布在城区、公园、街道、住宅小区和风景名胜区的仅有3 521株，占总株数的19.17％；而分布在乡村、郊野的有14 842株，占总株数的80.83％。分布区域点多面广，特别是在乡村和郊野，立地条件差异大，保护管理、检查监测难度大，更多地需要全民参与保护和监督，增强全社会保护古树名木的意识和热情。管理部门要丰富宣传形式，讲好古树名木故事，营造热爱、珍惜、保护古树的浓厚氛围，形成古树名木保护的合力，切实保护好古树名木资源。

为了更好地宣传介绍银川市古树名木和重点保护树木的现状和保护情况，使广大群众学习和了解古树名木知识，我们组织编写了《银川市古树名木与重点保护树木资源》一书，力求全方位展示银川市古树名木的独特魅力和生态文化价值，增强人民群众对自然文化遗产特别是对古树名木的保护意识，共建生态文明的和谐社会，为银川市古树名木保护和管理做出新贡献。

本书根据2020年、2022年、2023年银川市三区二县一市境内的古树、古树群、名木和重点保护树木的调查复核结果，对其资料、照片进行了分类整理和编撰。在编写过程中，宁夏大学教授李小伟和副教授杨君珑及其研究生团队对资源树木提供了调查鉴定，编者对上述团队特致衷心的感谢！

由于时间短，资源普查和原始资料收集不完备、编者水平有限，书中难免有不足之处，待缺补、待修正之处尚有。真诚希望各位专家和同行批评指正，恳请社会各界提供资源信息，查漏补缺，再版使之更加完善，更好地为古树名木及重点保护树木保护工作服务。

《银川市古树名木与重点保护树木资源》编委会

2023年5月银川

目录 CONTENTS

银川市古树名木与重点保护树木资源

一、银川市古树名木与重点保护树木概况	/ 001
二、古　树	/ 005
三、古树群	/ 033
四、名　木	/ 085
五、重点保护树木	/ 099
六、保护复壮措施	/ 297
七、银川市古树名木保护管理条例	/ 301
八、古树名木及重点保护树木名录	/ 305
九、银川市古树名木分布图	/ 323

一、银川市古树名木与重点保护树木概况

（一）保护历程及资源概况

1993年和1998年，银川市园林管理局（原银川市林业局）先后两次对银川市城区的古树名木进行普查，逐株审核并邀请相关专家、教授等专业人员进行现场调查鉴定，选出11株确定为银川市古树名木，经市人民政府批准公布。其中，古树4株，分属4科4属4种，分布在银川市滚钟口风景区、兴庆区群艺馆西侧居住小区内、宁夏西塔博物馆院内、银川市中山公园内各1株；名木8株，分属3科3属3种，分布在银川市中山公园6株、海宝塔寺院内1株、宁园1株。

2013—2014年，宁夏开展林木种质资源补充调查工作，银川市各县（市）区分别对本辖区内的古树名木进行补充调查、鉴定、定级、登记、编号建立档案和挂牌。根据补充调查结果，截至2014年，银川市共有古树名木10 482株，其中，单株古树24株、古树群8处10 450株、名木8株。其中以灵武市的古树群株数最多，主要为枣树，共有10 437株，占银川市古树名木总株数的99.7%。

表1 截至2014年银川市古树名木一览表

序号	单位	合计	古树	古树群		名木	备注
		株	株	处	株	株	
		10 482	24	8	10 450	8	
1	银川市直	10	2	—	—	8	
2	兴庆区	3	3	—	—	—	
3	金凤区	1	1	—	—	—	
4	西夏区	0	—	—	—	—	
5	贺兰县	6	—	1	6	—	
6	永宁县	10	3	2	7	—	
7	灵武市	10 450	13	5	10 437	—	
8	宁夏灵武白芨滩国家级自然保护区	2	2	—	—	—	

2020年，根据"创建国家森林城市"的相关指标要求，银川市自然资源局委托宁夏大学

开展银川市古树名木及重点保护树木调查鉴定工作,在各县(市)区上报的资料及相关记载档案的基础上,结合不同种类的生物学特性,针对古树树体的表现特征,选取指标,制定调查表,通过收集整编历史资料、外业调查和采用年轮条取样等技术手段进行鉴定。每株树木设置身份二维码,即扫即查,为建立和完善银川市古树名木和重点保护树木的资源档案及生长状况等数据库系统提供了有力的依据。根据调查鉴定结果,新确定古树5株,为贺兰县刺槐3株、金凤区旱柳1株、贺兰山国家级自然保护区胡桃1株。

2022年6月,结合"银川市国家生态园林城市创建"的申报工作,银川市园林管理局委托北京中林国际林业工程咨询有限责任公司,对全市的古树名木和重点保护树木进行了复核调查,补充和完善了银川市古树名木及重点保护树木的资源、保护情况及存在的问题。根据复核调查结果,新增加古树17株,为宁夏灵武白芨滩国家级自然保护区古树群2处16株,兴庆区大新镇燕鸽村旱柳1株;新增加名木4株,为宁夏灵武白芨滩国家级自然保护区习近平总书记栽植的灵武长枣、胡锦涛总书记栽植的北沙柳、沙拐枣和曾庆红副主席栽植的樟子松。死亡古树2株,分别为兴庆区新华街群艺馆西侧住宅小区的臭椿1株和永宁县李俊镇郭家湾子村银白杨1株。

截至2023年5月,银川市共有古树名木10 507株,其中,单株古树27株、古树群11处10 468株、名木12株。

表2 截至2023年5月银川市古树名木一览表

序号	单位	合计	古树	古树群		名木	备注
		株	株	处	株	株	
		10 507	27	11	10 468	12	
1	银川市直	10	2	—	—	8	
2	兴庆区	4	4	—	—	—	
3	金凤区	2	2	—	—	—	
4	贺兰山国家级自然保护区	1	1	—	—	—	
5	贺兰县	9	—	2	9	—	
6	永宁县	9	3	2	6	—	
7	灵武市	10 450	13	5	10 437	—	
8	宁夏灵武白芨滩国家级自然保护区	22	2	2	16	4	

2016年,各县(市)区开展古树名木后备资源调查工作,对树龄在50~99年的重点保护树木进行调查登记。2022年6月,组织相关单位对各县(市)区上报的重点保护树木进行了复核调查。调查结果显示,截至2023年5月,银川市有重点保护树木7 856株。

银川市古树名木与重点保护树木概况

表3 截至2023年5月银川市重点保护树木一览表

序号	管辖区域	总数/株	科/个	属/个	种/个	备注
		7 856				
1	银川市直	409	16	19	27	主要分布在公园、风景区等
2	兴庆区	68	4	5	5	主要分布在各街道等
3	金凤区	34	7	8	10	主要分布在各街道等
4	西夏区	296	8	14	16	主要分布在志辉源石酒庄等
5	贺兰县	152	6	6	8	主要分布在金山林场等
6	永宁县	33	1	1	1	主要分布在观桥苗圃等
7	灵武市	6 850	6	7	12	主要分布在枣博园等
8	宁夏灵武国家级白芨滩自然保护区	14	4	4	4	主要分布在长流水管理站桑杏园等

(二)保护管理现状

1.完善保护管理规定。为加强古树名木的保护管理工作,根据《中华人民共和国森林法》《城市绿化条例》《宁夏回族自治区城市绿化管理条例》,银川市人民政府结合本市实际情况,制定了《银川市古树名木保护管理条例》,于2007年经自治区九届人大常委会第二十九次会议批准施行。之后,贺兰县和灵武市也先后制定了各自的《古树名木保护管理办法》,使保护管理法律法规不断完善,为古树名木的保护管理奠定了基础。

2.科学保护管理措施。保护古树,环境先行。银川市滚钟口风景区"宁夏第一槐"、中山公园桑古树和后备资源树木,通过开挖复壮沟、打通气孔、填补树洞、清除枯枝、防治病虫、做支撑等一系列恢复措施,为树木创造良好的生存环境,促使其进一步恢复树势、健壮生长。2021年,结合"宁夏古树名木保护抢救复壮试点项目",采用"一树一策"的方案,通过整形修剪、病虫害防治、施肥灌水、安装护栏、避雷针等措施,保护修复了宁夏灵武白芨滩国家级自然保护区内的习近平总书记栽植的灵武长枣树、宁夏仁存渡护岸林场旱柳、灵武东塔镇果园村一队灵武长枣王和果园村二队胡桃等古树名木,取得了良好的效果。

3.加强科普知识宣传。制订相关古树名木的养护、复壮方案和日常养护责任。2020年中山公园逐株调查确认挂牌250余株,设计铭牌"二维码",通过二维码即可阅树种、树龄、株高、胸径、冠幅等相关信息。对树势衰弱、生长不良的树木采取树体吊挂营养液的方法,为其补充营养,促进树体生长。充分利用多媒体、宣传栏、景观亭、游步廊道、休闲桌凳等设施,广泛宣传,打造具有代表性的生态科普教育基地。对保护古树名木资源、宣传科学知识、弘扬古树名木文化,起到了积极的促进作用。

4.就地建园集中保护。为了更好地保护灵武枣树古树资源,传承我国源远流长的枣文化,2008年灵武市政府在古树枣树园建立了"世界枣树博览园"(以下简称"枣博园"),占地面积120公顷。按照生态公园的标准建设,保护各类古树、修建园路、栽植各类花灌木,集园林景观和保护于一体。2017年原灵武市林业局在"枣博园"采用生长锥钻取枣树年轮条,通过专业技术对其确切树龄进行鉴定。共鉴定、挂牌枣树古树2 582株,铭牌设计二维码,包含该枣树的所有信息资料,为在"枣博园"休闲观光的广大群众提供了学习和保护树木的基本知识。

(三)保护管理措施

1.加强组织领导,科学合理规划。古树名木的保护和管理工作是一项延续历史、提高文化品位的系统工程,各级政府应高度重视,强化组织领导。各县(市)、区自然资源部门和园林绿化部门,要制定科学合理的古树名木、重点保护树木保护管理规划,并实施切实可行的保护修复措施;对成片的古树名木建立保护区,对分散的古树名木建立保护点的方式开展保护,确保管护工作落实到位。

2.明确管护责任,严格监督考核。对确认权属的古树名木,按照"谁拥有谁负责"的原则,制定相应的管护范围、内容和方法,使辖区内每一株古树名木管护责任落实到单位和个人;对权属有争议的古树名木做到保护优先,并及时组织协调确认权属归属。要强化监督考核,建立健全管护责任制制度,对古树名木管护工作进行全面监督指导。对古树名木、重点保护树木施行挂牌保护,更新准确的鉴定铭牌,倡导全面管理和监督,减少人为破坏。

3.强化媒体宣传,提高公众意识。充分利用各种媒体,加大宣传力度,让广大群众充分了解古树名木的历史、文化和生态价值,增强全民保护意识,并调动全社会的力量,营造保护古树名木的浓厚氛围。广泛宣传树木的生长位置、背景资料、历史故事、生长现状和保护修复情况等,使广大群众进一步了解银川市古树名木的相关知识,丰富古树名木的文化内涵,展示古树名木的独特魅力,为保护古树名木做出贡献。

4.推广科学技术,提升管理水平。要加大科技力量的投入,积极支持开展古树名木、后备资源的管理、防病、治虫、施肥、加固等工作,为古树名木的保护管理工作提供坚强有力的保障和后盾。对古树名木病虫害综合防治技术进行研究,改善生态环境,让古树名木有一个适宜生长的环境,建立健全网络管理模式,对古树名木进行有效的信息动态管理。政府有关部门,积极开展科研立项,用科技的力量,为古树名木撑起"保护伞"。对古树名木进行长期监测,对濒危或特殊古树名木进行专项研究保护。

二、古 树

1. 灵武市东塔镇果园村灵武长枣(灵武长枣王) ……………………… 树龄361年
2. 银川滚钟口风景区槐(宁夏第一槐) ……………………………… 树龄243年
3. 灵武市马家滩镇杨圈湾村三队榆树(白榆) ……………………… 树龄217年
4. 灵武市崇兴镇中北村十队桑(家桑) ……………………………… 树龄186年
5. 灵武市马家滩镇大羊其村一道墙榆树(白榆) …………………… 树龄158年
6. 宁夏西塔博物馆银白杨 …………………………………………… 树龄153年
7. 灵武市东塔镇果园村二队白杜(丝绵木) ………………………… 树龄151年
8. 灵武市马家滩镇杨圈湾村三队榆树(白榆) ……………………… 树龄137年
9. 银川市中山公园桑(家桑) ………………………………………… 树龄133年
10. 白芨滩国家级自然保护区白芨滩管理站桑(家桑) ……………… 树龄133年
11. 白芨滩国家级自然保护区白芨滩管理站榆树(白榆) …………… 树龄133年
12. 永宁县杨和镇纳家户清真寺刺槐 ………………………………… 树龄128年
13. 永宁县杨和镇纳家户清真寺刺槐 ………………………………… 树龄128年
14. 灵武市白土岗海子井清真寺榆树(白榆) ………………………… 树龄126年
15. 灵武市新华桥镇宁夏仁存渡护岸林场渡口站旱柳 ……………… 树龄121年
16. 金凤区凤北家园旱柳 ……………………………………………… 树龄121年
17. 贺兰山国家级自然保护区椿树口胡桃(核桃树) ………………… 树龄121年
18. 灵武市白土岗乡野麦子塘村榆树(白榆) ………………………… 树龄116年
19. 灵武马家滩镇马家滩村杨学江院榆树(白榆) …………………… 树龄116年
20. 兴庆区掌政镇典农公园旱柳 ……………………………………… 树龄107年
21. 灵武市东塔镇果园村二队胡桃(核桃树) ………………………… 树龄107年
22. 灵武市东塔镇果园村二队胡桃(核桃树) ………………………… 树龄107年
23. 兴庆区大新镇燕鸽家园旱柳 ……………………………………… 树龄106年
24. 兴庆区大新镇燕鸽村桑(家桑) …………………………………… 树龄101年
25. 金凤区丰登镇新丰村四队旱柳 …………………………………… 树龄101年
26. 永宁县李俊镇雷祖庙刺槐 ………………………………………… 树龄101年
27. 灵武市东塔镇果园村四队杏 ……………………………………… 树龄101年

银川市古树——灵武市东塔镇果园村一队灵武长枣（灵武长枣王）

1 灵武长枣（鼠李科 枣属） *Ziziphus jujuba* 'Lingwuchangzao'

灵武长枣（灵武长枣王，原编号LWG05146），1662年栽植，树龄361年，为二级古树，位于灵武市东塔镇果园村一队的秦渠新上闸西侧。树高19.2米，胸径74厘米，冠幅15.0米×14.5米。树冠圆满、树势开张、枝繁叶茂，丝毫不显"年老"之态，每年开花结果，可收长枣100多千克。树下立石碑一块，上书"灵武长枣王"。2021年设置围栏保护，是"宁夏古树名木保护抢救复壮试点项目"中的试点古树之一。

银川市古树——银川市滚钟口槐（宁夏第一槐）

2 槐（国槐）（豆科 槐属） *Sophora japonica* L.

槐，宁夏第一槐，1780年栽植，树龄243年，三级古树，位于银川市滚钟口（小口子）景区老君堂前广场，是银川市树龄最长的槐，2002年被银川市人民政府命名为"001号"古树。树高28.5米，胸径76厘米，冠幅18米×19米。周边由铁制围栏围护，最大树干的空洞已做了修补，并用金属支撑进行保护。树木雄伟高大、树冠圆满、树姿优美、体态挺拔，长势良好。七八月槐花盛开，黄花团簇，独立成景。树下大理石基座上立一石碑，上书"宁夏第一槐"。

银川市古树——灵武市马家滩镇杨圈湾村三队榆树（白榆）

3　榆树（白榆）（榆科　榆属）　*Ulmus pumila* L.

灵武杨圈湾村榆树，1806年栽植，树龄217年，三级古树，位于灵武市马家滩镇杨圈湾村三队，原牌号遗失。树高8.7米，胸径113厘米，冠幅8.1米×7.2米。该树主根裸露，原主枝全部枯死，树干基部分生两大主枝萌发枝条形成树冠。树体偏冠残缺，老枝虬曲，但新梢有一定的生长能力。需加强保护管理，增施肥水，进一步恢复树势。

银川市古树——灵武市崇兴镇中北村十队桑（家桑）

4　桑（家桑）（桑科 桑属）　*Morus alba* L.

灵武中北村桑（原编号LWG10847），1837年栽植，树龄186年，三级古树，位于灵武市崇兴镇中北村十队马有才院内。树高15.3米，胸径148厘米，冠幅18.5米×15.5米。树干封闭在一小房间内，基部分生三主枝，树冠分布在屋顶之上。树冠庞大圆满、树体枝繁叶茂，枝果繁盛，每年结果200余千克。

银川市古树——灵武市马家滩镇大羊其村一道墙自然村榆树（白榆）

| 5 | 榆树（白榆）（榆科 榆属） *Ulmus pumila* L. |

灵武大羊其村榆树（原编号LG16584），1865年栽植，树龄158年，三级古树，位于灵武市马家滩镇大羊其村一道墙自然村。树高7.6米，胸径82.5厘米，冠幅8.5米×6.2米。树体残缺苍老，树冠主枝仅存活1枝，其余主枝均死亡或上部死亡，生长衰弱，濒于死亡。须加强保护管理，增施肥水，进一步恢复树势。

银川市古树——宁夏西塔博物馆银白杨

6 银白杨（杨柳科 杨属） *Populus alba* L.

西塔博物馆银白杨（原编号YG003），1870年栽植，树龄153年，三级古树，位于宁夏西塔博物馆前院内。树高21米，胸径185厘米，冠幅18米×15米。树干基部分生两大主枝，北边主枝用金属支架支撑保护。树势高大苍劲，树体宽厚雄浑，银叶婆娑。

7　白杜（丝绵木）（卫矛科　卫矛属）　*Euonymus maackii* Rupr.

灵武果园村白杜（原编号LWGO5820，茶树），1872年栽植，树龄151年，三级古树，位于灵武市东塔镇果园村二队的秦渠堤边。树高7.82米，胸径55厘米，冠幅6.5米×7.3米。该树已有标牌铭文为"茶树（山茶科山茶属）"，2019年经灵武市林草局资深专家、宁夏大学教授等分别鉴定为"丝绵木"，而非茶树。现用塑料护栏保护，管理到位，能正常开花结果。

银川市古树——灵武市马家滩镇杨圈湾村三队榆树（白榆）

8 榆树（白榆）（榆科 榆属） *Ulmus pumila* L.

灵武杨圈湾村榆树（原编号LG16587），1886年栽植，树龄137年，三级古树，位于灵武市马家滩镇杨圈湾村三队。树高8.7米，胸径73.5厘米，冠幅12.1米×8.2米。树冠主枝除1枝外，其余全部枯死后自基部萌发枝条，树体偏冠残缺，但新梢有一定的生长能力。树势古朴，虬根显露。须加强保护管理，增施肥水，进一步恢复树势。

银川市古树——银川市中山公园桑（家桑）

| 9 | 桑（家桑）（桑科 桑属） *Morus alba* L. |

  中山公园桑（原编号095101C00001），1890年栽植，树龄133年，三级古树，位于银川市中山公园宪法广场西侧。树高19.2米，冠幅18米×20米，胸径76.5厘米。原为"马营三官庙"道士在正殿前栽植的两株桑树之一，南侧的桑树于20世纪50年代被毁，北侧一株存活至今。2007年通过开挖复壮沟、打通气孔、填补树洞、清除枯枝、防治病虫、做支撑等一系列措施，为这株古桑树创造良好的生存环境，促使其不断茁壮生长。这株百年桑树势健旺、树冠圆满、冠盖如伞、枝繁叶茂、绿荫婆娑，是广大游人游览、休憩的好场所。

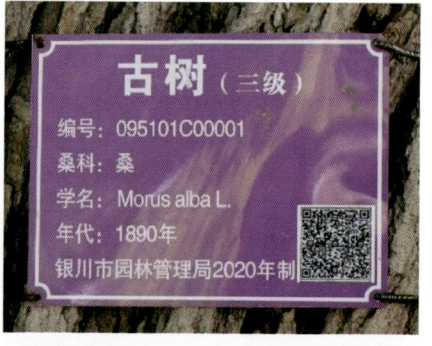

银川市古树——白芨滩国家级自然保护区白芨滩管理站桑（家桑）

| 10 | 桑（家桑）（桑科 桑属） *Morus alba* L. |

白芨滩管理站桑（原编号LG06592），1890年栽植，树龄133年，三级古树，位于宁夏灵武白芨滩国家级自然保护区白芨滩管理站东侧百米处。树高10.5米，胸径65厘米，冠幅7.5米×6.5米。生长弱，树冠不全，内膛、外围均有大枝枯死。须加强保护管理，增施肥水，进一步恢复树势。

银川市古树——白芨滩国家级自然保护区白芨滩管理站榆树（白榆）

11　榆树（白榆）（榆科 榆属）　*Ulmus pumila* L.

灵武白芨滩管理站榆树（原编号LG01527），1890年栽植，树龄133年，三级古树，位于宁夏灵武白芨滩国家级自然保护区白芨滩管理站东侧百米处。树高15.5米，胸径69厘米，冠幅12.5米×14.2米。树冠圆满，树势健旺苍劲。

银川市古树——永宁县杨和镇纳家户村清真寺刺槐

12 刺槐（豆科 刺槐属） *Robinia pseudoacacia* L.

永宁纳家户清真寺刺槐（原编号YNG0009），1895年栽植，树龄128年，三级古树，位于永宁县杨和镇纳家户村清真寺院内大殿前左侧。树高19.5米，胸径112.0厘米，冠幅15.5米×15.5米。主干略有倾斜，有金属架支撑，树下有树池保护。

银川市古树——永宁县杨和镇纳家户村清真寺刺槐

13　刺槐（豆科 刺槐属）　Robinia pseudoacacia L.

永宁纳家户清真寺刺槐（原编号YNG0010），1895年栽植，树龄128年，三级古树，位于永宁县杨和镇纳家户村清真寺院内大殿前右侧。树高18米，胸径105厘米，冠幅12.5米×12.0米。管护到位，树势高大健旺，树冠圆满苍劲，枝繁叶茂，春华秋实。

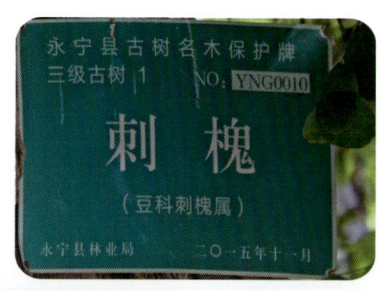

银川市古树——灵武市白土岗乡海子井村清真寺榆树（白榆）

14　榆树（白榆）（榆科 榆属）　*Ulmus pumila* L.

灵武海子井清真寺榆树（原编号LG16578），1897年栽植，树龄126年，三级古树，位于灵武市白土岗乡海子井清真寺院内。树高5.2米，胸径75厘米，冠幅5米×4米。生长势弱，主干上主枝上部均死亡，仅有3个侧枝存活。树势较弱，树冠残缺，树体濒临死亡。树下有树池，须加强保护管理，增施肥水，进一步恢复树势。

银川市古树——灵武市新华桥镇宁夏仁存渡护岸林场渡口站旱柳

| 15 | 旱柳（杨柳科 柳属） *Salix matsudana* Koidz. |

宁夏仁存渡护岸林场渡口站旱柳（原编号LG01531），为1902年在黄河滩地上自然生长的一株柳树，称之为"镇河树"，树龄121年，三级古树。位于灵武市新华桥镇宁夏仁存渡护岸林场渡口站住宅小区路南。树高26米，胸径186厘米，冠幅24米×22米。2021年，在"宁夏古树名木保护抢救复壮试点项目"中为试点树之一，对该树增施肥料，锯除了内膛枯死枝，安装了围栏保护。树体高大，树冠圆满，郁郁葱葱，伟岸壮观。

银川市古树——金凤区凤北家园旱柳

| 16 | 旱柳（杨柳科 柳属）*Salix matsudana* Koidz. |

凤北家园旱柳，1902年栽植，树龄121年，三级古树，位于金凤区凤北家园。树高16.2米，胸径125.5厘米，冠幅20.3米×21.0米。2020年采用生长锥取年轮条打磨，鉴定树龄。树体高大挺拔，树冠圆满开张，生长正常。

银川市古树——贺兰山国家级自然保护区椿树口胡桃树

17　胡桃（核桃）（胡桃科 胡桃属） *Juglans regia* L.

保护区椿树口胡桃，1902年栽植，树龄121年，三级古树，位于贺兰山国家级自然保护区椿树口。树高8米，胸径86.6厘米，冠幅13.0×3.3米。2020年采用生长锥取年轮条打磨，鉴定树龄。树势古朴苍老，雄花柔荑花序下垂，生长基本正常。须加强保护管理，增施肥水，进一步恢复树势。

银川市古树——灵武市白土岗乡海子井村野麦子塘榆树(白榆)

18　榆树(白榆)(榆科 榆属) *Ulmus pumila* L.

灵武海子井村榆树(原编号LG16581),1907年栽植,树龄116年,三级古树,位于灵武市白土岗乡海子井村野麦子塘。树高12.3米,胸径65厘米,冠幅11.5米×11.0米。生长环境差,树干挺直,2.1米处分生两大主枝,树冠顶部大枝枯亡,生长势弱。须加强保护管理,增施肥水,进一步恢复树势。

银川市古树——灵武市马家滩镇马家滩村杨学江院内榆树（白榆）

19　榆树（白榆）（榆科 榆属）　*Ulmus pumila* L.

灵武马家滩村榆树（原编号LG16582），1907年栽植，树龄116年，三级古树，位于灵武市马家滩镇马家滩村杨学江院内。树高19.5米，胸径102.5厘米，冠幅19.1米×18.5米。管理到位，树体高大，生长健壮，冠盖如伞，姿态雄浑。

银川市古树——兴庆区掌政镇典农公园旱柳

| 20 | 旱柳（杨柳科 柳属） *Salix matsudana* Koidz. |

典农公园旱柳，1916年栽植，树龄107年，三级古树，位于兴庆区掌政镇典农公园内。树高23米，胸径96厘米，冠幅19米×20米。挂牌为"银川市重点保护树木"，无编号，管护到位。树冠圆满、姿态宏伟，长势旺盛，绿叶葱茏。有树池保护，树下设置围树石椅，供人们休息乘凉。

银川市古树——灵武市东塔镇果园村二队胡桃树

| 21 | 胡桃（核桃）（胡桃科 胡桃属） *Juglans regia* L. |

灵武果园村胡桃（原编号LG05818），1916年栽植，树龄107年，三级古树，位于灵武市东塔镇果园村二队秦渠新上闸东侧南。树高20.4米，胸径77.5厘米，冠幅13.2米×11.5米。树冠高大圆满，生长基本正常，可开花结果。

银川市古树——灵武市东塔镇果园村二队胡桃树

22　胡桃（核桃）（胡桃科　胡桃属） *Juglans regia* L.

灵武果园村胡桃（原编号LG05819），1916年栽植，树龄107年，三级古树，位于灵武市东塔镇果园村二队秦渠新上闸东侧南。树高21.5米，胸径137厘米，冠幅16.3米×15.0米。树体高大，顶部个别枝条枯亡。生长基本正常，可开花结果。2021年，在"宁夏古树名木保护抢救复壮试点项目"中为试点树之一，通过树下设置围栏保护，剪取枯枝、松土施肥，树势恢复较好。

银川市古树——兴庆区大新镇燕鸽村燕安家园旱柳

23　旱柳（杨柳科 柳属） *Salix matsudana* Koidz.

燕安家园旱柳（原编号001号），1917年栽植，树龄106年，三级古树，位于兴庆区大新镇燕鸽村燕安家园小区中心广场，责任单位为兴庆区大新镇燕鸽村村民委员会。树高20米，胸径96厘米，冠幅18米×17米。有树池保护，其树势强健、树冠完整、树形浑圆、绿荫遮地，是居民纳凉聊天的好去处。

银川市古树——兴庆区大新镇燕鸽村桑（家桑）

24　桑（家桑）（桑科 桑属） *Morus alba* L.

燕鸽村桑，1922年栽植，树龄101年，三级古树，位于兴庆区大新镇燕鸽村银通公路北侧。树高14米，胸径80厘米，冠幅15米。生长环境较差，夹在一堵围墙之中，无挂牌及围栏保护措施。生长势弱，部分内膛及外围大枝枯亡，枝条新梢生长量小，尚可开花结果。须加强保护管理，增施肥水，进一步恢复树势。

银川市古树——金凤区丰登镇新丰村四队旱柳

| 25 | 旱柳（杨柳科 柳属） | *Salix matsudana* Koidz. |

新丰村旱柳，1922年栽植，树龄101年，三级古树，位于金凤区丰登镇新丰村四队村道边。树高21米，胸径120厘米，冠幅16米×14米。生长环境差，树下垃圾杂物多，无保护措施。内膛仅有个别枝条枯死，树势高大强健，树冠圆满。

银川市古树——永宁县李俊镇雷祖庙刺槐

| 26 | 刺槐（豆科 刺槐属） | *Robinia pseudoacacia* L. |

永宁雷祖庙刺槐（原编号YNG0008），1922年树栽植，树龄101年，三级古树，位于永宁县李俊镇雷祖庙院内大殿前。树高18米，胸径83厘米，冠幅8米×7米。树干4米处有8大分枝，包括主干已经死亡5大分枝，树冠残缺，生长较弱。须加强保护管理，增施肥水，进一步恢复树势。

银川市古树——灵武市东塔镇果园村四队杏

| 27 | 杏（蔷薇科 杏属） *Armeniaca vulgaris* Lam. |

灵武果园村杏，1922年栽植，树龄101年，三级古树，位于灵武市东塔镇果园村4队秦渠东堤路中。树高14.5米，胸径116厘米，冠幅16.0米×12.5米。该树为实生树，基部分生3主枝，树体高大，树冠圆满，生长旺盛，可开花结果，果实圆形，果面黄色，味酸，品质不佳。

三、古树群

1. 灵武市东塔镇果园村枣古树群 …………………………… 5 705株，平均树龄115年
2. 灵武市枣博园枣古树群 …………………………………… 2 582株，平均树龄113年
3. 灵武市东塔镇黎民村枣古树群 …………………………… 2 135株，平均树龄110年
4. 宁夏灵武白芨滩国家级自然保护区榆树（白榆）古树群 ……… 12株，平均树龄133年
5. 灵武市东塔镇果园村梨古树群 …………………………… 10株，平均树龄113年
6. 贺兰县金贵镇雄英村桑古树群 …………………………… 6株，平均树龄112年
7. 灵武市枣博园梨树古树群 ………………………………… 5株，平均树龄110年
8. 宁夏灵武白芨滩国家级自然保护区长流水桑古树群 ……… 4株，平均树龄117年
9. 望洪镇原望洪中学刺槐古树群 …………………………… 3株，平均树龄120年
10. 李俊镇郭家湾子村银白杨古树群 ………………………… 3株，平均树龄330年
11. 贺兰县如意湖刺槐古树群 ………………………………… 3株，平均树龄126年

银川市古树群——1.灵武市东塔镇果园村枣古树群（5 705株）

1-1 灵武长枣古树群（鼠李科 枣属）*Ziziphus jujuba* 'Lingwuchangzao'

该古树群有古树5 705株，平均树龄115年，均为枣树（灵武长枣、灵武圆枣），位于灵武市东塔镇果园村的秦渠两侧和原居民住宅区周边。平均树高13.53米，平均胸径52.4厘米，平均冠幅6.71米。古树群分布的密度较大，挂牌保护，并建立2个生态小游园，有专人负责保护与管理。树体生长正常，开花结果，创造很好的生态、社会和经济效益。

银川市古树群——1.灵武市东塔镇果园村枣古树群（5 705株）

1-1　灵武长枣古树群（鼠李科 枣属）　*Ziziphus jujuba* 'Lingwuchangzao'

银川市古树群——1.灵武市东塔镇果园村枣古树群（5 705株）

1-1　灵武长枣古树群（鼠李科 枣属）*Ziziphus jujuba* 'Lingwuchangzao'

银川市古树群——1.灵武市东塔镇果园村枣古树群（5 705株）

1-2　灵武圆枣古树群（鼠李科 枣属）*Ziziphus jujuba* 'Lingwuyuanzao'

银川市古树群——1.灵武市东塔镇果园村枣古树群（5 705株）

1-2 灵武圆枣古树群（鼠李科 枣属） *Ziziphus jujuba* 'Lingwuyuanzao'

银川市古树群——2.灵武市世界枣树博览园枣古树群（2 582株）

2-1 灵武长枣古树群（鼠李科 枣属）*Ziziphus jujuba* 'Lingwuchangzao'

该古树群有古树2582株，平均树龄为113年，均为枣树（灵武长枣、灵武圆枣），位于灵武市枣博园。平均树高14.73米，平均胸径56.22厘米，平均冠幅7.51米。其中，古树一期西区有674株、东区有657株，二期西区有718株、东区有533株。树龄最大的枣树为277年，胸径78.73厘米，树高17.7米，位于一期东区灵武市幼儿园园内北侧。该古树群主要为灵武长枣和灵武圆枣，古枣树群最大集中连片面积约8亩，有古枣树数百余株，小的片区也有古枣树5~10株，古树之间距离基本匀称。

银川市古树群——2.灵武市世界枣树博览园枣古树群（2 582株）

2-1 灵武长枣古树群（鼠李科 枣属） *Ziziphus jujuba* 'Lingwuchangzao'

　　世界枣树博览园（以下简称"枣博园"）始建于2006年，占地面积约1800余亩，前后分二期建设，在建设中就地保存和保护成年枣树4167株。枣博园以表现我国源远流长的枣文化，建造以自然风景为主，集观光、枣资源收集保存和科学研究于一体，开放式自然生态景观公园，古枣树群呈"大分散、小集中、就地保存"的自然格局。2009年9月26日，中国经济林协会将灵武市枣博园正式命名为"世界枣树博览园"，并在枣博园的基础上建立了"中国枣种质资源库"，对古树的保护起到了很好的保障。

银川市古树群——2.灵武市世界枣树博览园枣古树群（2 582株）

2-1　灵武长枣古树群（鼠李科　枣属）　*Ziziphus jujuba* 'Lingwuchangzao'

银川市古树群——2.灵武市世界枣树博览园枣古树群(2 582株)

2-1 灵武长枣古树群（鼠李科 枣属）*Ziziphus jujuba* 'Lingwuchangzao'

银川市古树群——2.灵武市世界枣树博览园枣古树群（2 582株）

2-1　灵武长枣古树群（鼠李科 枣属）　*Ziziphus jujuba* 'Lingwuchangzao'

银川市古树群——2.灵武市世界枣树博览园枣古树群（2 582株）

2-2　灵武圆枣古树群（鼠李科 枣属）　*Ziziphus jujuba* 'Lingwuyuanzao'

银川市古树群——2.灵武市世界枣树博览园枣古树群（2 582株）

2-2　灵武圆枣古树群（鼠李科　枣属）　*Ziziphus jujuba* 'Lingwuyuanzao'

银川市古树群—3.灵武市东塔镇黎民村枣古树群(2 135株)

3-1 灵武长枣古树群（鼠李科 枣属） *Ziziphus jujuba* 'Lingwuchangzao'

该古树群有古树2135株，平均树龄110年，均为枣树，位于灵武市东塔镇黎民村的秦渠两侧、灵武园艺试验场的老园子以及原居民住宅区周边。平均树高12.35米，平均胸径50.5厘米，平均冠幅6.10米。绝大部分古枣树生长正常，能开花结果，创造一定的经济效益。

银川市古树群—3.灵武市东塔镇黎民村枣古树群（2 135株）

3-1　灵武长枣古树群（鼠李科 枣属）　*Ziziphus jujuba* 'Lingwuchangzao'

银川市古树群—3.灵武市东塔镇黎民村枣古树群（2 135株）

3-1　灵武长枣古树群（鼠李科 枣属）　*Ziziphus jujuba* 'Lingwuchangzao'

银川市古树群—3.灵武市东塔镇黎民村枣古树群（2 135株）

3-2 灵武圆枣古树群（鼠李科 枣属） *Ziziphus jujuba* 'Lingwuyuanzao'

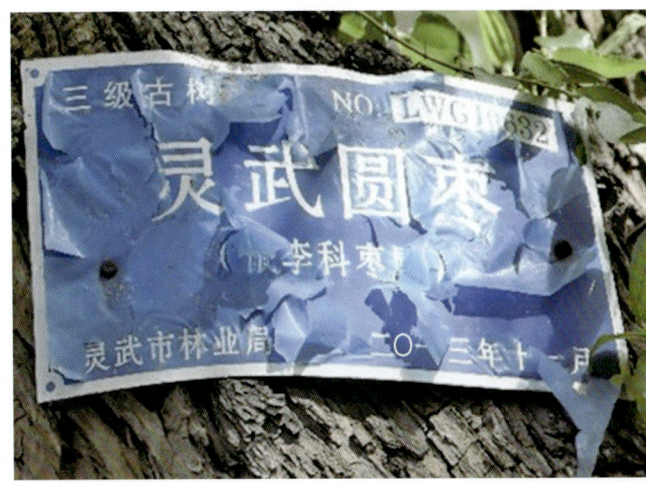

银川市古树群——4.宁夏灵武白芨滩国家级自然保护区榆树（白榆）古树群（12株）

4-1　榆树（白榆）古树群（榆科　榆属）　*Ulmus pumila* L.

该古树群有古树12株，平均树龄133年，均为白榆，位于宁夏灵武白芨滩国家级自然保护区白芨滩管理站东湾护林点。根据调查走访护林人员和查阅有关资料，这些白榆古树由当地农民赵自会老人的爷爷赵金城于1890年前后栽植。平均树高17.5米，平均胸径79.5厘米，平均冠幅14.4米×12.2米。大部分白榆生长正常，树势古朴苍劲，枝叶扶疏葱翠。受气候干旱影响，个别植株顶部、外围有大枝枯亡。

1号榆树古树

银川市古树群——4.宁夏灵武白芨滩国家级自然保护区榆树（白榆）古树群（12株）

4-1　榆树（白榆）古树群（榆科 榆属）　*Ulmus pumila* L.

2、3号榆树古树

银川市古树群——4.宁夏灵武白芨滩国家级自然保护区榆树（白榆）古树群（12株）

4-1　榆树（白榆）古树群（榆科 榆属）　*Ulmus pumila* L.

4、5、6号榆树古树

银川市古树群——4.宁夏灵武白芨滩国家级自然保护区榆树(白榆)古树群(12株)

4-1　榆树（白榆）古树群（榆科 榆属）　*Ulmus pumila* L.

7号榆树古树

银川市古树群——4.宁夏灵武白芨滩国家级自然保护区榆树（白榆）古树群（12株）

4-1 榆树（白榆）古树群（榆科 榆属）　*Ulmus pumila* L.

8号榆树古树

银川市古树群——4.宁夏灵武白芨滩国家级自然保护区榆树（白榆）古树群（12株）

4-1 榆树（白榆）古树群（榆科 榆属） *Ulmus pumila* L.

9号榆树古树

银川市古树群—4.宁夏灵武白芨滩国家级自然保护区榆树（白榆）古树群（12株）

| 4-1 | 榆树（白榆）古树群（榆科 榆属） *Ulmus pumila* L. |

10号榆树古树

银川市古树群——4.宁夏灵武白芨滩国家级自然保护区榆树（白榆）古树群（12株）

| 4-1 | 榆树（白榆）古树群（榆科 榆属） | *Ulmus pumila* L. |

11号榆树古树

银川市古树群——4.宁夏灵武白芨滩国家级自然保护区榆树(白榆)古树群(12株)

4-1　榆树（白榆）古树群（榆科 榆属）　*Ulmus pumila* L.

12号榆树古树

银川市古树群——5.灵武市东塔镇果园村长把梨古树群（10株）

5-1　长把梨古树群（蔷薇科 梨属）　*Pyrus bretschneideri* 'Changbali'

该古树群有古树10株，平均树龄113年，均为梨树，品种为长把梨，位于灵武市东塔镇果园村的秦渠东侧的原梨园中。平均树高12米，平均胸径98厘米，平均冠幅13米。原梨园2亩左右，是原果园4队一杨姓农民于1910年栽植，绝大部分梨树已经死亡。现存树体生长基本正常，尚能开花结果，但果实品质较差。

银川市古树群——5.灵武市东塔镇果园村长把梨古树群（10株）

| 5-1 | 长把梨古树群（蔷薇科 梨属） *Pyrus bretschneideri* 'Changbali' |

银川市古树群——5.灵武市东塔镇果园村长把梨古树群（10株）

5-1 长把梨古树群（蔷薇科 梨属） *Pyrus bretschneideri* 'Changbali'

1、2、3、4、5、6、7号长把梨古树

银川市古树群——5.灵武市东塔镇果园村长把梨古树群（10株）

5-1 长把梨古树群（蔷薇科 梨属）*Pyrus bretschneideri* 'Changbali'

8、9、10号长把梨古树

银川市古树群——6.贺兰县金贵镇雄英村桑古树群（6株）

6-1 桑古树群（桑科 桑属） *Morus alba* L.

该古树群有古树6株，平均树龄112年，均为桑，位于贺兰县金贵镇雄英村6队刘某家。平均树高12.5米，平均胸径68厘米，平均冠幅12.5米×15.2米。其中1、2号古树树龄130年；3号古树树龄110年；4、5、6号树龄100年。6号桑古树，1983年遭受雷击，树冠中上部死亡，树干下部重新发出一个新主枝，枝生长旺盛。古树周围长期堆放杂物、秸秆等，管护不善，生境较差。2006年贺兰县绿化委员会挂牌，无编号。

1号桑古树

银川市古树群——6.贺兰县金贵镇雄英村桑古树群（6株）

6-1　桑古树群（桑科 桑属）*Morus alba* L.

2号桑古树

银川市古树群——6.贺兰县金贵镇雄英村桑古树群（6株）

6-1　桑古树群（桑科 桑属）　*Morus alba* L.

3号桑古树

银川市古树群——6.贺兰县金贵镇雄英村桑古树群（6株）

6-1　桑古树群（桑科 桑属）　*Morus alba* L.

4号桑古树

银川市古树群——6.贺兰县金贵镇雄英村桑古树群（6株）

6-1 桑古树群（桑科 桑属） *Morus alba* L.

5号桑古树

银川市古树群——6.贺兰县金贵镇雄英村桑古树群（6株）

6-1　桑古树群（桑科 桑属）　*Morus alba* L.

6号桑古树

银川市古树群—7.灵武市枣博园长把梨古树群（5株）

7-1　长把梨古树群（蔷薇科 梨属）　*Pyrus bretschneideri* 'Changbali'

该古树群有古树5株，平均树龄110年，均为长把梨树，位于灵武市枣博园南区（一期）中部。平均树高10.5米，平均胸径95.5厘米，平均冠幅8.5米×7.0米。生长正常，可开花结果。

1号长把梨古树

银川市古树群—7.灵武市枣博园长把梨古树群（5株）

7-1　长把梨古树群（蔷薇科 梨属）*Pyrus bretschneideri* 'Changbali'

2、3号长把梨古树

银川市古树群—7.灵武市枣博园长把梨古树群（5株）

7-1　长把梨古树群（蔷薇科 梨属）*Pyrus bretschneideri* 'Changbali'

4号长把梨古树

银川市古树群—7.灵武市枣博园长把梨古树群（5株）

7-1　长把梨古树群（蔷薇科 梨属）*Pyrus bretschneideri* 'Changbali'

5号长把梨古树

银川市古树群—8.宁夏灵武白芨滩国家级自然保护区桑古树群(4株)

8-1 桑古树群（桑科 桑属） *Morus alba* L.

该古树群有古树4株，1906年栽植，树龄117年，均为桑，位于宁夏灵武白芨滩国家级自然保护区长流水管理站景区桑杏园内。其生长在长流水沟畔，受水蚀和风蚀影响，主根裸露，尽显岁月沧桑，人称"裸根桑"。其中1号古树挂牌号为LG06595，树高15.5米，胸径117.5厘米，冠幅6.5米×7.5米。

1号桑古树

银川市古树群—8.宁夏灵武白芨滩国家级自然保护区桑古树群(4株)

8-1 桑古树群（桑科 桑属） *Morus alba* L.

2–4号桑古树位于1号桑古树西边5米的沟畔，其中，4号古树有铭牌（原编号LG06592），2号、3号铭牌遗失。平均树高14米，平均胸径76厘米，平均冠幅7.0米×5.5米，树根均裸露，生长正常，树冠圆满。

银川市古树群——9.永宁县望洪镇原望洪中学刺槐古树群(3株)

9-1　刺槐古树群（豆科 刺槐属）　Robinia pseudoacacia L.

该古树群有古树3株，平均树龄120年，均为刺槐，位于永宁县望洪镇原望洪中学院内。

1号刺槐古树（原编号YNG0005），树高20米，胸径105厘米，冠幅13.5米×14.0米。有围栏保护，树冠圆满，树体雄伟，生长繁茂。

1号刺槐古树

银川市古树群——9.永宁县望洪镇原望洪中学刺槐古树群（3株）

9-1　刺槐古树群（豆科 刺槐属）*Robinia pseudoacacia* L.

2号刺槐古树（原编号YNG0006），树高20.5米，胸径111厘米，冠幅15.0米×16.1米。有围栏保护，古树树体高大伟岸，枝叶生长繁茂，能正常开花结果。

2号刺槐古树

银川市古树群——9.永宁县望洪镇原望洪中学刺槐古树群(3株)

9-1　刺槐古树群（豆科 刺槐属）*Robinia pseudoacacia* L.

3号刺槐古树（原编号YNG0007），树高19.5米，胸径89厘米，冠幅12.5米×13.5米。无围栏保护，古树树冠圆满，枝叶生长繁茂，结果累累。

3号刺槐古树

银川市古树群——10.李俊镇郭家湾子村银白杨古树群（3株）

10-1 银白杨古树群（杨柳科 杨属） *Populus alba* L.

该古树群原有古树4株，现存活3株，全为银白杨，1693年栽植，二级古树，位于李俊镇郭家湾子村关帝庙。该古树群在1980年前后遭天牛危害，主干及树冠死亡，其中三株自树下萌发根蘖苗，并重新形成树冠。

1号银白杨古树（原编号YNG0001），树龄330年，树高15.5米，胸径172.0厘米，冠幅11.3米。主干上部已死亡，但主干下部仍有大枝存活，生长势弱；树下有根蘖苗1株，生长健壮，形成新的树冠。

银川市古树群——10.李俊镇郭家湾子村银白杨古树群（3株）

10-1 银白杨古树群（杨柳科 杨属） *Populus alba* L.

2号银白杨古树（原编号YNG0002），树龄330年，树高2.5米，胸径164.3厘米，冠幅6.8米。主干自2.5米处因天牛危害而被大风折断，在折断处新长一株枸杞（为天然枸杞种子萌发生长）。树下有根蘖苗1株，生长健壮，形成新的树冠。

银川市古树群——10.李俊镇郭家湾子村银白杨古树群（3株）

10-1 银白杨古树群（杨柳科 杨属）*Populus alba* L.

3号银白杨古树（原编号YNG0003），树龄330年，树高16.0米，胸径173.6厘米，冠幅9.8米。中干以上全部死亡，树下有根蘖苗1株，生长健壮，基本形成新的树冠。

银川市古树群——10.李俊镇郭家湾子村银白杨古树群（3株）

10-1 银白杨古树群（杨柳科 杨属） *Populus alba* L.

4号银白杨古树（原编号YNG0004），已死亡，无根蘖苗。

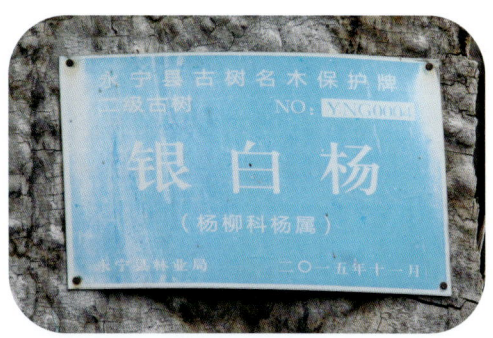

银川市古树——11.贺兰县如意湖刺槐古树群（3株）

11-1 刺槐古树群（豆科 刺槐属）　*Robinia pseudoacacia* L.

该古树群共有古树3株，均为刺槐，平均树龄126年，三级古树。该古树群于2020年从原贺兰县政府政协大院移植于如意湖旁，移植时档案记录为重点保护树木、树龄72年。移植后，同年经采用生长锥采取年轮条打磨，鉴定为古树。平均树高14.8米，平均胸径94.2厘米，平均冠幅8.2米×7.1米。须加强保护管理，增施肥水，进一步恢复树势。

1号刺槐古树，树龄143年，树高18.3米，胸径106.36厘米，冠幅9.5米×8.3米。

银川市古树——11.贺兰县如意湖刺槐古树群（3株）

11-1 刺槐古树群（豆科 刺槐属） *Robinia pseudoacacia* L.

2号刺槐古树，树龄124年，树高16.8米，胸径100.3厘米，冠幅9.2米×6.7米。

银川市古树——11.贺兰县如意湖刺槐古树群（3株）

11-1 刺槐古树群（豆科 刺槐属） *Robinia pseudoacacia* L.

3号刺槐古树，树龄112年，树高9.3米，胸径75.8厘米，冠幅5.9米×6.1米。

四、名 木

1. 宁夏第一柏——圆柏（1936年5月） ………………………………………… 树龄87年
2. 宁夏第一株嫁接风景树——龙爪槐（1952年春） …………………………… 树龄71年
3. 董必武种植桧柏（1963年10月） ……………………………………………… 树龄60年
4. 乔石种植桧柏（1983年10月） ………………………………………………… 树龄40年
5. 南斯拉夫国际友人种植纪念树——云杉（1986年7月） ……………………… 树龄37年
6. 苏联吉尔吉斯共和国国际友人种植友谊树——桧柏（1989年9月） ………… 树龄34年
7. 日本岛根县友好访问团种植纪念树——桧柏（1992年10月） ……………… 树龄31年
8. 中山公园"槐抱榆"（刺槐、白榆）（2000年春） ……………………………… 树龄23年
9. 曾庆红种植樟子松（2006年6月） ……………………………………………… 树龄17年
10. 胡锦涛种植北沙柳（2007年4月） …………………………………………… 树龄16年
11. 胡锦涛种植沙拐枣（2007年4月） …………………………………………… 树龄16年
12. 习近平种植灵武长枣（2008年4月） ………………………………………… 树龄15年

银川市名木——宁夏第一柏

1　圆柏（柏科　圆柏属）又称桧柏　Sabina chinensis (L.) Ant.

宁夏第一柏，位于银川市中山公园动物园内。树龄87年，树高13.5米，胸径40厘米，冠幅4.5米×4.5米。树体高大、树冠圆满、枝叶翠绿、葱茏繁盛。

名木来历：1936年5月，中山公园首次从西安引进带土球桧柏一株，植于公园农事试验场南小荷花池（现动物园内），此为宁夏城（银川）内首次成功引种的桧柏，结束了宁夏地区7年引种桧柏失败的历史。

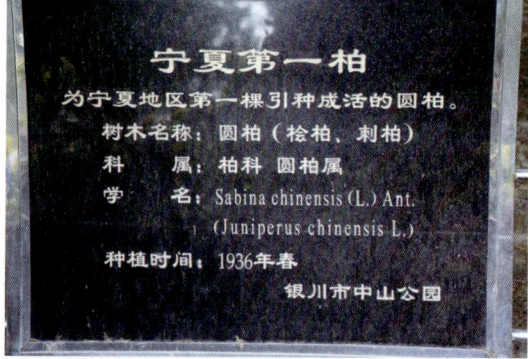

银川市名木——宁夏嫁接的第一株风景树

2　龙爪槐（豆科 槐属）　*Sophora japonica* Limn. var. *japonica* f. *pendula* Hort.

宁夏第一株嫁接风景树——龙爪槐，位于银川市中山公园太极小广场的东北。树龄71年，树高3.8米，胸径16厘米，冠幅4.2米×4.2米。近年来，"第一龙爪槐"经过整形疏枝，增施肥水、恢复树势，其冠盖如伞，绿荫婆娑。

名木来历：1952年春，宁夏老一代花工吴兴德师傅首次用"瓦接法"（芽接法）嫁接成功的龙爪槐，是中山公园也是银川市第一株嫁接的风景树。

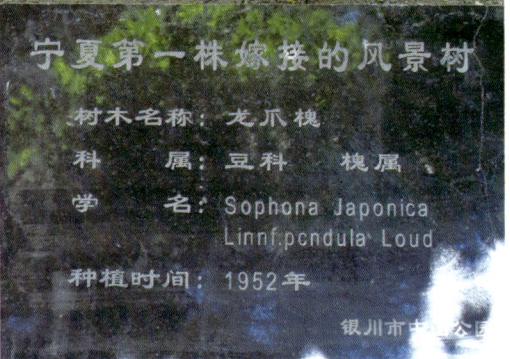

银川市名木——董必武种植桧柏

3　桧柏（柏科 圆柏属）又称圆柏　*Sabina chinensis* (L.) Ant.

董必武种植桧柏，位于银川市海宝公园海宝塔寺院内。树龄60年，树高15.5米，胸径21厘米，冠幅5.8米×5.2米。树干挺拔，冠盖似伞，苍翠凝重、风姿雄浑。

名木来历：1963年10月20日，时任中共中央政治局委员、中华人民共和国副主席董必武率领中央代表团参加"宁夏回族自治区成立五周年"庆典，10月25日，董老视察了银川市郊区红花公社北塔大队，并在海宝塔寺院内种植该树。

银川市名木——乔石种植桧柏

4　桧柏（柏科　圆柏属）又称圆柏　*Sabina chinensis* (L.) Ant.

乔石种植桧柏，位于中山公园原西门内北侧。树龄40年，树高7米，胸径17厘米，冠幅3米×3米。周边大树对其遮光严重，生长较弱。2022年秋进行了环境治理，清理了周边大树枝干，为其生长创造了良好的空间。

名木来历：1983年10月，时任中共中央书记处书记、中共中央办公厅主任乔石来宁夏视察工作，在银川中山公园参加植树活动，种植该桧柏。

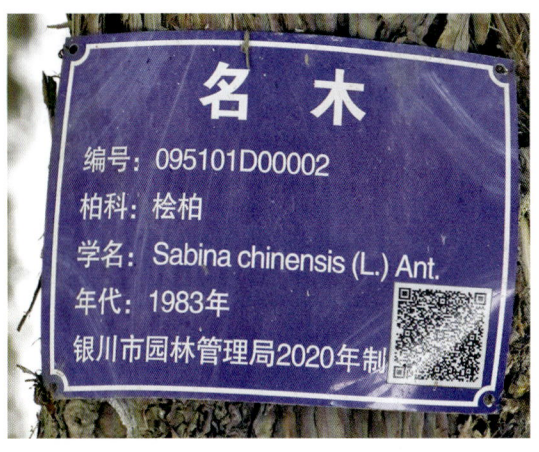

银川市名木——南斯拉夫国际友人种植纪念树

5　云杉（松科　云杉属）　*Picea crassifolia* Kom.

南斯拉夫国际友人种植纪念树——云杉，位于银川市中山公园宪法广场东南。树龄37年，树高6.8米，胸径18厘米，冠幅7.5米×6.5米。树体高大，树冠圆满，树势开张，长势旺盛。

名木来历：1986年7月1日，南斯拉夫科索沃社会主义自治省执委会主席慕斯塔法纳兹米率代表团访问宁夏，在中山公园栽植该树。

银川市名木——苏联吉尔吉斯共和国国际友人种植友谊树

6　桧柏（柏科 圆柏属） *Sabina chinensis* (L.) Ant.

苏联吉尔吉斯共和国国际友人种植友谊树——桧柏，位于银川市宁园中北部。树龄34年，树高5.8米，胸径15厘米，冠幅2.5米×2.5米。该树周围高大乔木影响其采光，导致长势弱，树体较小。

名木来历：1989年9月25日，由苏联吉尔吉斯共和国伏龙芝市政府代表团访问宁夏时栽植该树。

银川市名木——日本岛根县友好访问团种植纪念树

7　桧柏（柏科　圆柏属） *Sabina chinensis* (L.) Ant.

日本岛根县友好访问团种植纪念树——桧柏，位于银川市中山公园宪法广场西南。树龄31年，树高7米，胸径25厘米，冠幅5.5米×4.5米。树冠圆满，长势旺盛，枝条丰富，树形优美。

名木来历：1992年10月8日，日本岛根县友好访问团来银川访问，栽植该树。

银川市名木——中山公园"槐抱榆"

| 8 | 刺槐（豆科 刺槐属） *Robinia pseudoacacia* L.
白榆（榆科 榆属） *Ulmus pumila* L. |

中山公园"槐抱榆"，位于银川市中山公园动物园门口南。母树槐树株龄93年，高14米，胸径47厘米，冠幅10米×9米，生长较弱，2个主枝顶部大枝已干枯死亡；母树上的新生榆树，树龄23年，高度7.5米，基部直径已达15厘米，长势旺盛。

名木来历：2000年春天，一棵榆树的种子偶尔落在这株栽植于1929年刺槐的主干分枝处生根发芽，并在这棵老刺槐的树干上长出了一株小榆树，新长的榆树与刺槐母株浑然一体，形成了罕见的"槐抱榆"景观。

槐抱榆

2000年的春天，一场大风将榆树的种子偶然带到了这棵刺槐树上，恰好此处适合榆树的生长，于是这棵刺槐树干上便长出了一棵榆树，形成了罕见的"槐抱榆"景观。"槐抱榆"的榆树与刺槐浑然一体，如果不细看，会以为榆树是刺槐上的一个树桠。鬼斧神工，叹为观止！至今这棵刺槐已有80多年的历史，榆树也有10多年的历史。

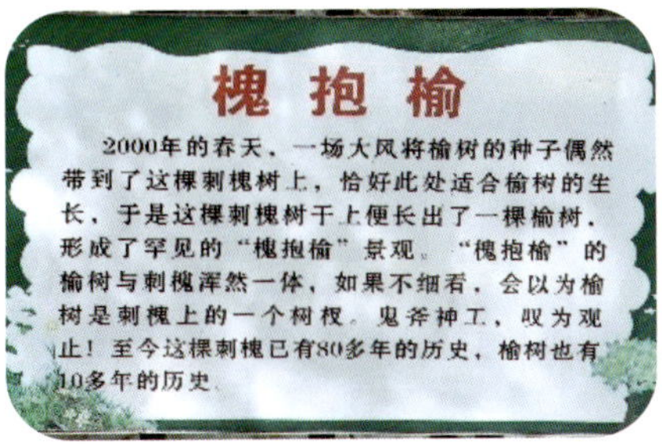

银川市名木——曾庆红种植樟子松

9　樟子松（松科　松属） *Pinus sylvestris* var. *mongolica* Litv.

曾庆红种植樟子松，位于宁夏灵武白芨滩国家级自然保护区沙漠公园南部的林地中。树龄17年，树高3.8米，胸径11厘米，冠幅2.5米×2.5米。主干挺拔，树冠圆满，枝叶繁茂，生机盎然。

名木来历：2006年6月16日，时任国家副主席曾庆红来宁夏灵武白芨滩国家级自然保护区视察工作，与干部职工一道参加植树活动，种植该树。

银川市名木——胡锦涛种植北沙柳

10　北沙柳（杨柳科 柳属） *Salix psammophila* C.Wang et Ch.Y.Yang

胡锦涛种植北沙柳,位于宁夏灵武白芨滩国家级自然保护区"宸和园"。树龄16年,株高3.5米、丛径6.8米,冠形圆满、生机盎然、枝条茁壮。

名木来历:2007年4月13日,时任中共中央总书记、中华人民共和国主席胡锦涛来宁视察毛乌素沙地防沙治沙工程,种植了该树。

银川市名木——胡锦涛种植沙拐枣

11　沙拐枣（蓼科 沙拐枣属） *Calligonum mongolicum* Turcz.

胡锦涛种植沙拐枣，位于宁夏灵武白芨滩国家级自然保护区"宸和园"。树龄16年，株高3.5米、丛径6.8米，冠形圆满、生机盎然、枝条茁壮。

名木来历：2007年4月13日，时任中共中央总书记、中华人民共和国主席胡锦涛来宁视察毛乌素沙地防沙治沙工程，种植了该树。

银川市名木——习近平种植灵武长枣

12 灵武长枣（鼠李科 枣属） *Ziziphus jujuba* 'Lingwuchangzao'

习近平种植灵武长枣，位于宁夏灵武白芨滩国家级自然保护区"宸喜园"。树龄15年，株高4.5米，胸径18厘米，冠幅5.5米×5.1米。生长健壮，树冠圆满，树姿开张，硕果累累。

名木来历：2008年4月7日，时任中共中央政治局常委、中央书记处书记、国家副主席习近平来宁夏灵武白芨滩国家级自然保护区视察防沙治沙工作，种植该树。

五、重点保护树木

1. 银川市直属单位重点保护树木

银川市直属单位重点保护树木主要分布地：中山公园、海宝公园、唐徕公园、宁园、滚钟口风景区和岩画古村。共计409株，分属16科19属27种。

2. 兴庆区重点保护树木

兴庆区重点保护树木主要分布地：宁夏西塔博物馆、进宁北街、西桥南巷、富宁街、宗睦巷、中心巷、玉皇阁周边、解放东街、老市委院内等处。共计68株，分属4科5属5种。

3. 金凤区重点保护树木

金凤区重点保护树木主要分布地：银川新火车站广场公园、新华联南门小广场、宁夏气象局小公园、上海西路供电局仓库院内、良田渠两侧、通达北街、湖畔嘉园中房幸福里等处。共计34株，分属7科8属10种。

4. 西夏区重点保护树木

西夏区重点保护树木主要分布地：朔方路风华小区北门外林带、银川老火车站广场、贺兰山宾馆院内、志辉源石酒庄、贺兰山休闲运动公园、宁夏农垦枸杞研究院有限公司等处。共计296株，分属8科14属16种。

5. 贺兰县重点保护树木

贺兰县重点保护树木主要分布地：金山林场、原林科所院内、贺兰县一中院内、金贵镇雄英村六队、金贵镇联星11队等处。共计152株，分属6科6属8种。

6. 永宁县重点保护树木

永宁县重点保护树木主要分布地：迎宾大道小公园、观桥苗圃内等处。共计33株，分属1科1属1种。

7. 灵武市重点保护树木

灵武市重点保护树木主要分布地：灵武市世界枣树博览园、东塔镇、灵武园艺试验场等处。共计6 850株，分属6科7属12种。

8. 宁夏灵武白芨滩国家级自然保护区重点保护树木

宁夏灵武白芨滩国家级自然保护区重点保护树木，分布在长流水管理站长流水景区，共计14株，分属4科4属4种。

重点保护树木——1.1 银川市直·中山公园

1-1-1 榆树（白榆）（榆科 榆属） *Ulmus pumila* L.

银川市中山公园位于兴庆区老城墙内西北角，占地面积48.16公顷，始建于1929年，为纪念孙中山先生逝世五周年而建。园内的古树后备资源（重点保护）树木共有246株，分属16科22属24种。树龄最大的为1929年建园时栽植的槐、白榆、刺槐等，至今树龄已经94年；最小树龄为1970年栽植的新疆杨，树龄53年。

1.白榆3株，1929年栽植，树龄94年，位于动物园内。树体高大雄伟，树冠基本圆满，生长正常，可开花结果。

重点保护树木——1.1 银川市直·中山公园

1-1-2 刺槐（豆科 刺槐属）*Robinia pseudoacacia* L.

2.刺槐3株，1929年栽植，树龄94年，位于动物园内东门北侧。树势生长稍弱，顶部及外围均有大枝枯亡，主干略有倾斜，有支撑保护。

重点保护树木——1.1银川市直·中山公园

1-1-3 槐（豆科 槐属） *Sophora japonica* L.

3.槐8株，1929年栽植，树龄94年，位于动物园南墙边。树体高大，古朴苍劲，部分树冠残缺，枝条扶疏，主干倾斜，有支撑保护。

重点保护树木——1.1 银川市直·中山公园

1-1-4 桑（桑科 桑属） *Morus alba* L.

4.桑39株，1930年栽植，树龄93年，位于动物园东南部。树体高大，绿荫盖地，部分植株冠内大枝枯亡，倾斜的树干有支撑保护。

重点保护树木——1.1 银川市直 • 中山公园

1-1-4 桑（桑科 桑属）*Morus alba* L.

重点保护树木——1.1 银川市直 · 中山公园

1-1-5 刺槐（豆科 刺槐属）*Robinia pseudoacacia* L.

5.刺槐4株，1933年栽植，树龄90年，位于动物园内东北部。树体高大挺拔，生长基本正常，可开花结果，部分中部大枝枯亡，冠幅较小。树势较弱的植株，采用树干吊挂营养液，补充营养扶壮。

重点保护树木——1.1 银川市直 • 中山公园

1-1-6　槐（豆科 槐属）*Sophora japonica* L.

6.槐6株，1933年栽植，树龄90年，位于文昌阁周边。树冠基本圆满，树势基本正常，个别树势衰弱的植株，树干吊挂营养液，补充营养，恢复树势。

重点保护树木——1.1 银川市直·中山公园

1-1-7 槐（豆科 槐属） *Sophora japonica* L.

7.槐4株，1936年栽植，树龄87年，位于动物园垃圾转运站南侧。树势挺拔，树冠圆满，生长健壮，绿荫婆娑。

重点保护树木——1.1 银川市直●中山公园

1-1-8 梓（紫葳科 梓树属） *Catalpa ovata* G. Don.

8.梓3株,1940年栽植,树龄83年,位于动物园内。其树体高大,冠盖如伞,花繁似锦,果荚串串。

重点保护树木——1.1 银川市直·中山公园

1-1-9 刺槐（豆科 刺槐属）*Robinia pseudoacacia* L.

9.刺槐7株，1940年栽植，树龄83年，位于动物园南墙外东侧。树体苍劲高大，树皮斑驳，生长基本正常，部分植株树冠残缺，主干倾斜的植株，有支撑保护。

重点保护树木——1.1 银川市直·中山公园

1-1-10 华桑（桑科 桑属） *Morus cathayana* Hemsl.

10.华桑4株，1940年栽植，树龄83年，位于动物园南门口内。其冠大荫浓，生长基本正常，部分植株主干倾斜，有支撑保护，个别树体衰弱，树干吊挂营养液，以补充营养，恢复树势。

1-1-11 樱桃（蔷薇科 樱属） *Cerasus pseudocerasus* (Lindl.) G. Don

11.樱桃1株，1940年栽植，树龄83年，位于梦花路南侧。树冠庞大，生长正常，可开花结果。主干上一主枝倾斜，有支撑保护。

重点保护树木——1.1 银川市直·中山公园

1-1-12　沙枣（胡颓子科 胡颓子属）　*Elaeagnus angustifolia* L.

12.沙枣1株，1941年栽植，树龄82年，位于南门喷泉西南角。树体苍劲伟岸，树冠枝繁叶茂，夏花幽香，秋果黄翠。一主枝倾斜，有支撑保护。

1-1-13 复叶槭（槭树科 槭属）*Acer negundo* L.

13.复叶槭1株,1941年栽植,树龄82年,位于西门监察队东侧。树势挺拔,树冠高大,枝叶繁茂,生机勃勃。

重点保护树木——1.1 银川市直·中山公园

1-1-14 刺槐（豆科 刺槐属） *Robinia pseudoacacia* L.

14.刺槐1株，1941年栽植，树龄82年，位于小南门公厕北侧。树冠较大，树势衰弱，叶片发黄，树主干上二主枝已枯亡，需加强管护，恢复树势。

重点保护树木——1.1银川市直·中山公园

1-1-15 灵宝枣（鼠李科 枣属）*Ziziphus jujuba* 'lingbao'

15.灵宝枣1株，1943年栽植，树龄80年，位于小南门门口。树体高大，苍劲古朴，生长基本正常，可开花结果。外围有大枝枯亡，树下有树池保护。

重点保护树木——1.1 银川市直·中山公园

1-1-16 沙枣（胡颓子科 胡颓子属）*Elaeagnus angustifolia* L.

16.沙枣1株,1943年栽植,树龄80年,位于银湖路北端的老模林东。树体高大,主干斑驳,古朴苍翠,虬枝似龙,开花结果正常。

重点保护树木——1.1 银川市直·中山公园

1-1-17 青海云杉（松科 云杉属） *Picea crassifolia* Kom.

17.青海云杉1株，1943年栽植，树龄80年，位于舞厅南文昌路北。树体挺拔，古朴苍翠。

重点保护树木——1.1银川市直●中山公园

1-1-18 油松（松科 松属） *Pinus tabuliformis* Carr.

18.油松9株，1953年栽植，树龄70年，位于文沁园广场。其树势苍翠挺拔，树冠开张圆满，树枝茂密俊秀。

重点保护树木——1.1 银川市直·中山公园

1-1-19 李（蔷薇科 李属）*Prunus salicina* Lindl.

19.李树1株，1954年栽植，树龄69年，位于朔方亭北侧。树冠基本完整，树姿开张，可开花结果。

重点保护树木——1.1银川市直·中山公园

1-1-20 刺槐（豆科 刺槐属） *Robinia pseudoacacia* L.

20.刺槐3株，1954年栽植，树龄69年，位于西门东侧路边。树势苍劲伟岸，主枝疏密有度，苍郁秀翠，春华秋实。

重点保护树木——1.1 银川市直 • 中山公园

1-1-21 美国红梣（洋白蜡）（木犀科 梣属） *Fraxinus pennsylvanica* Marsh.

21.美国红梣（洋白蜡）4株，1954年栽植，树龄69年，位于宪法广场周边。树体伟岸壮观，树冠高大圆满，苍郁浓荫，雌雄异株。

重点保护树木——1.1 银川市直 • 中山公园

1-1-22 青海云杉（松科 云杉属） *Picea crassifolia* Kom.

22.青海云杉4株，1954年栽植，树龄69年，位于朔方亭北、天香园周边。树干通直，树势挺拔，枝繁叶茂，生机盎然。

重点保护树木——1.1银川市直·中山公园

1-1-23　槐 *Sophora japonica* Linn.

23.槐1株,1954年栽植,树龄69年,位于朔方亭北。树势健旺,枝繁叶茂,开花结果正常。

重点保护树木——1.1银川市直●中山公园

1-1-24 侧柏（柏科 侧柏属） *Platycladus orientalis*（L.） Franco

24.侧柏1株，1958年栽植，树龄65年，位于朔方亭东。树姿直立，周边树木栽植密集，采光不良。

重点保护树木——1.1银川市直·中山公园

1-1-25 沙枣（胡颓子科 胡颓子属）*Elaeagnus angustifolia* L.

25.沙枣1株，1959年栽植，树龄64年，位于中湖原照相部西侧。基部分生五大主枝，古朴苍劲，斑驳虬曲，银叶婆娑，蔚然成景。

重点保护树木——1.1 银川市直●中山公园

1-1-26 桧柏（柏科 圆柏属） *Sabina chinensis* (L.) Ant.

26.桧柏6株，1959年栽植，树龄64年，位于文化广场及天河路。树干通直，冠形似塔，枝繁叶茂，苍郁秀翠。

重点保护树木——1.1 银川市直·中山公园

1-1-27　皂荚（豆科　皂荚属）　*Gleditsia sinensis* Lam.

27.皂荚2株，1959年栽植，树龄64年，位于梦花路南、天香园南门口。树势开张，树冠圆满，叶秀荫浓，春华秋实。

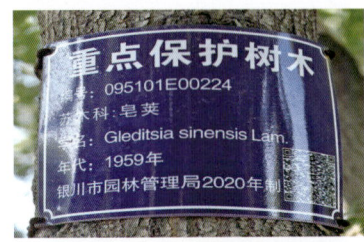

重点保护树木——1.1 银川市直·中山公园

1-1-28 龙爪槐（豆科 槐属） *Sophora japonica* Limn. var. *japonica* f. *pendula* Hort.

28.龙爪槐2株，1959年栽植，树龄64年，位于芍药园广场周边。主枝盘曲，冠盖如伞，苍郁葱翠，独立成景。

重点保护树木——1.1银川市直·中山公园

1-1-29 青海云杉（松科 云杉属） *Picea crassifolia* Kom.

29.青海云杉2株，1959年栽植，树龄64年，位于舞厅南。树势挺拔伟岸，树冠开张圆满，枝繁叶茂，生机勃勃。

重点保护树木——1.1 银川市直●中山公园

1-1-30 白杜（丝绵木）（卫矛科 卫矛属） *Euonymus maackii* Rupr.

30.白杜（丝绵木）4株，1964年栽植，树龄59年，位于舞厅南的芍药园。西边一株，树势庞大雄浑，树冠圆满开张，枝叶苍翠秀丽；东边一株，主干倾斜，似苍龙腾飞，蔚为壮观。

重点保护树木——1.1 银川市直 • 中山公园

1-1-31 白杜（丝绵木）（卫矛科 卫矛属）*Euonymus maackii* Rupr.

31.白杜(丝绵木)4株,1964年栽植,树龄59年,位于天香园周边。树体挺拔,枝叶扶疏,冠大荫浓,体态典雅。

重点保护树木——1.1 银川市直·中山公园

1-1-32 桧柏（柏科 圆柏属） *Sabina chinensis* (L.) Ant.

32.桧柏40株，1964年栽植，树龄59年，分布于文化广场、宪法广场、文昌阁等周边，是中山公园重点保护树木中数量最多的树种。树形挺拔，冠形似塔，枝叶繁茂，质朴苍劲。

重点保护树木——1.1 银川市直 • 中山公园

1-1-32 桧柏（柏科 圆柏属） *Sabina chinensis* (L.) Ant.

重点保护树木——1.1 银川市直·中山公园

1-1-33 毛梾（山茱萸科 梾木属） *Swida walteri* (Wanger.) Sojak

33.毛梾（俗称车梁木）2株，1964年栽植，树龄59年，位于芍药园东侧。树体高大，主干通直，叶片秀丽，木质坚重。

重点保护树木——1.1 银川市直·中山公园

1-1-34 龙桑（桑科 桑属） *Morus alba* 'Tortuosa'

34.龙桑2株，1964年栽植，树龄59年，位于芍药园北侧。树体高大，树姿直立，叶片硕大具光泽。

重点保护树木——1.1银川市直·中山公园

1-1-35 美国红梣（洋白蜡）（木犀科 梣属） *Fraxinus pennsylvanica* Marsh.

35.美国红梣（洋白蜡）1株，1964年栽植，树龄59年，位于芍药园北侧。树体高大，主干分生两大主枝，生长旺盛。

重点保护树木——1.1 银川市直·中山公园

1-1-36 垂柳（杨柳科 柳属） *Salix babylonica* L.

36.垂柳3株，1965年栽植，树龄58年，位于办公楼西侧荷花池西岸。树体庞大秀丽，树冠开张圆满，垂枝袅娜，独具魅力。

重点保护树木——1.1银川市直·中山公园

1-1-37 沙枣（胡颓子科 胡颓子属） *Elaeagnus angustifolia* L.

37.沙枣2株，1967年栽植，树龄56年，位于文昌阁东北侧银湖路边。主干斑驳虬曲，树体质朴苍劲，枝叶扶疏，银叶婆娑。

重点保护树木——1.1 银川市直·中山公园

1-1-38 毛白杨（杨柳科 杨属） *Populus tomentosa* Carr.

38.毛白杨10株，1967年栽植，树龄56年，分布于银湖路、南大门周边。树体雄伟高大，树冠圆满开张，茂密繁荣，冠大荫浓。

重点保护树木——1.1银川市直●中山公园

1-1-39 桧柏（柏科 圆柏属） *Sabina chinensis*（L.）Ant.

39.桧柏5株，1968年栽植，树龄55年，分布于南大门、芍药园周边。树形挺拔，冠形似塔，枝叶繁茂，苍郁秀翠。

重点保护树木——1.1 银川市直·中山公园

1-1-40 美国红梣（洋白蜡）（木犀科 梣属） *Fraxinus pennsylvanica* Marsh.

40.美国红梣（洋白蜡）2株，1968年栽植，树龄55年，位于雷锋像广场南北两侧。树势挺拔，树冠圆满，枝叶茂密，苍郁秀翠。

重点保护树木——1.1 银川市直·中山公园

1-1-41 毛白杨（杨柳科 杨属）*Populus tomentosa* Carr.

41.毛白杨2株，1969年栽植，树龄54年，位于银湖路北端的劳模林之中。干分三杈，树形挺拔，枝叶旺盛。

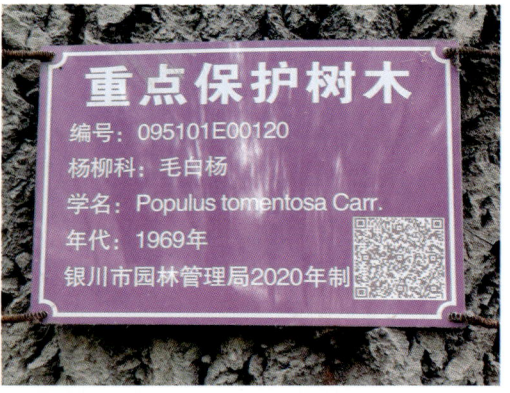

重点保护树木——1.1 银川市直·中山公园

1-1-42 臭椿（苦木科 臭椿属）*Ailanthus altissima*（Mill.）Swingle

42.臭椿4株，1970年栽植，树龄53年，位于舞厅南侧。树干直立，树冠高大，树势开张，花繁似锦。

重点保护树木——1.1 银川市直·中山公园

1-1-43 新疆杨（杨柳科 杨属） *Populus albe* var. *pyramidalis* Bge.

43.新疆杨10株,1968年栽植,树龄55年,位于文昌阁、文沁园周边。树体挺拔,苍劲伟岸,枝叶繁茂,雄伟壮观。

重点保护树木——1.1银川市直·中山公园

1-1-44 毛白杨（杨柳科 杨属）*Populus tomentosa* Carr.

44.毛白杨20株，1970年栽植，树龄53年，分布于文昌阁及长天路周边。树干通直挺拔，树势开张遒劲，柔荑花序飘逸。

重点保护树木——1.1 银川市直·中山公园

1-1-44 毛白杨（杨柳科 杨属） *Populus tomentosa* Carr.

重点保护树木——1.1 银川市直·中山公园

1-1-45 新疆杨（杨柳科 杨属）*Populus albe* var. *pyramidalis* Bge.（=*P. bollecma* Lauche）

45.新疆杨10株，1970年栽植，树龄53年，分布于长天路两侧。树干通直挺拔，树势生长遒劲。

重点保护树木——1.1 银川市直 • 中山公园

1-1-46 杏（蔷薇科 杏属） *Armeniaca vulgaris* Lam.

46.杏树1株，1971年栽植，树龄52年，位于梦花路南侧。主干倾斜，树冠完整，开花结果如常。

重点保护树木——1.1 银川市直·中山公园

1-1-47 旱柳（杨柳科 柳属） *Salix matsudana* Koidz.

47.旱柳2株,1971年栽植,树龄52年,位于中心广场东侧。树体高大,树冠圆满,枝繁叶茂,生长良好。

重点保护树木——1.2 银川市直·海宝公园

1-2-1　油松（松科　松属）*Pinus tabuliformis* Carr.

海宝公园2007年建园，园内的后备资源（重点保护）树木共有8株，分属5科6属6种。主要为油松、小叶杨、龙桑、槐、白蜡各1株和刺槐3株。

1.油松（泰山松）1株，树龄51年，建园时自山东引进栽植（当时树龄为35年），位于迎宾桥东南角。现树高4.5米，胸径31厘米，冠幅2.5米×3.2米。主干倾斜，有钢管支撑，生长较弱。

重点保护树木——1.2 银川市直·海宝公园

1-2-2　小叶杨（杨柳科 杨属）*Populus simonii* Carr.

2.小叶杨1株，1963年由原银川郊区红花公社北塔大队栽植，树龄60年，位于公园西边小广场南。树高17.5米，胸径62厘米，冠幅8.5米×10.5米。树体挺拔，树冠圆满。

重点保护树木——1.2 银川市直·海宝公园

1-2-3　刺槐（豆科 刺槐属）　*Robinia pseudoacacia* L.

3.刺槐3株，1963年由原银川郊区红花公社北塔大队栽植，树龄60年，位于公园西边小广场。平均树高16.5米，胸径55厘米，冠幅8.5米×7.0米。树体挺拔，树冠圆满，花繁叶茂。

重点保护树木——1.2 银川市直·海宝公园

1-2-4 龙桑（桑科 桑属） *Morus alba* L. 'Tortuosa'

4.龙桑1株，1963年由银川郊区原红花公社北塔大队栽植，树龄60年，位于公园西边小广场。树高13.5米，地径67厘米，冠幅8.5米×10.0米。树势开张，枝叶茂盛，叶片硕大，结果正常。

重点保护树木——1.2 银川市直 • 海宝公园

1-2-5 槐（豆科 槐属）*Sophora japonica* L.

5.槐1株，1963年由银川郊区原红花公社北塔大队栽植，树龄60年，位于公园西边小广场内。树高14.5米，胸径46厘米，冠幅8.5米×9.0米。树体挺拔，树势旺盛，体貌典雅，夏华秋实。

重点保护树木——1.2 银川市直●海宝公园

1-2-6 美国红梣（洋白蜡）（木犀科 梣属） *Fraxinus pennsylvanica* Marsh.

6.白蜡1株，1963年由银川郊区原红花公社北塔大队栽植，树龄60年，位于公园西边小广场内。树高15.5米，胸径46厘米，冠幅5.5米×6.8米。树冠一大主枝受伤而锯除，树冠残缺，仍能开花结果。

重点保护树木——1.3 银川市直·唐徕公园

1-3-1 沙枣（胡颓子科 胡颓子属）*Elaeagnus angustifolia* L.

唐徕渠是一条自南而北穿越市区的古渠，始建于公元前127年，古称御史渠，改扩建于大唐盛世，建成后因"招徕户民垦种"故名唐徕渠。改革开放以来，先后实施了"唐徕公园整治扩建工程一期至六期工程"。

园内五期工程的重点保护树木共有31株，全为沙枣树。于1960年前后栽植，平均树龄63年，位于公园五期中部东侧双医路—西大路坟茔区。平均树高15.5米，平均胸径53厘米，平均冠幅6.5米×8.5米。树体千姿百态、虬枝扶疏、苍劲挺拔、银叶葱茏；6月繁花盛开，香味四溢、沁人心脾。

重点保护树木——1.3 银川市直·唐徕公园

1-3-1 沙枣（胡颓子科 胡颓子属）*Elaeagnus angustifolia* L.

重点保护树木——1.3银川市直·唐徕公园

1-3-1 沙枣（胡颓子科 胡颓子属）*Elaeagnus angustifolia* L.

重点保护树木——1.3 银川市直 · 唐徕公园

1-3-1 沙枣（胡颓子科 胡颓子属）*Elaeagnus angustifolia* L.

重点保护树木——1.4 银川市直·宁园

1-4-1　美国红梣（洋白蜡）（木犀科 梣属）*Fraxinus pennsylvanica* Marsh.

宁园于1987年建成，园内的重点保护树木共有26株，分属4科4属5种。于1970年前后栽植，平均树龄53年。主要有洋白蜡、丝绵木、刺槐、槐和胡桃树。

1.洋白蜡7株，位于宁园北部的解放东街南侧园内。平均树高21.2米，平均胸径59.3厘米，平均冠幅15.5米×13.2米。其中最大1株树高26.7米，胸径76.5厘米，冠幅15.8米×14.2米，为银川地区洋白蜡之冠。

重点保护树木——1.4银川市直·宁园

1-4-1 美国红梣（洋白蜡）（木犀科 梣属） *Fraxinus pennsylvanica* Marsh.

重点保护树木——1.4银川市直·宁园

1-4-2 　白杜（丝绵木）（卫矛科 卫矛属） *Euonymus maackii* Rupr.

2.白杜（丝绵木）4株，位于宁园东门小广场西侧。平均树高18.8米，平均胸径53.8厘米，平均冠幅12.5米×11.2米。树势挺拔，树姿秀丽，花繁叶茂，红果累累。

重点保护树木——1.4 银川市直·宁园

1-4-3　刺槐（豆科 刺槐属）　*Robinia pseudoacacia* L.

3.刺槐6株，位于宁园西北侧。平均树高18.2米，平均胸径57.5厘米，平均冠幅12米×11米。树体挺拔，树冠开张，苍郁荫浓，管护到位。

重点保护树木——1.4银川市直·宁园

1-4-3 刺槐（豆科 刺槐属） *Robinia pseudoacacia* L.

重点保护树木——1.4 银川市直·宁园

1-4-4　槐（豆科 刺槐属）*Sophora japonica* L

4.槐8株，位于宁园喷泉北的干道边。平均树高17.5米，平均胸径45..5厘米，平均冠幅10米×11米。树冠开张，苍郁典雅。

重点保护树木——1.4银川市直·宁园

1-4-4　槐（豆科　刺槐属）*Sophora japonica* L

重点保护树木——1.4银川市直·宁园

1-4-5 胡桃（核桃）（胡桃科 胡桃属）*Juglans regia* L.

5.胡桃树1株，位于宁园东门内。树高16.5米，胸径56厘米，冠幅8米×7米。树体高大，健壮繁茂。

重点保护树木——1.5银川市直●滚钟口风景区

1-5-1 银杏（银杏科 银杏属）*Ginkgo biloba* L.

滚钟口风景区位于贺兰山东麓中部，距银川市区30余千米，1988年国务院批准为国家级风景游览区。景区内的后备资源（重点保护）树木共有65株，分属7科10属12种。主要有银杏、刺槐、龙爪槐、旱柳、圆柏、油松、青海云杉、白榆、梓、白皮松和箭杆杨等。

1.银杏2株，1966年栽植，树龄57年，位于兴隆寺院内的。平均树高12.4米，平均胸径24.3厘米，平均冠幅3.5米×2.8米。由于干旱缺水，树势较弱，叶片小，不及正常银杏叶片的三分之一。

重点保护树木——1.5 银川市直·滚钟口风景区

1-5-2 银杏（银杏科 银杏属）*Ginkgo biloba* L.

2.银杏2株，1966年栽植，树龄57年，位于老君堂院内。平均树高13.6米，平均胸径28.2厘米，平均冠幅7.2米×5.5米。树势挺拔，树冠圆满，生长强健。

重点保护树木——1.5银川市直·滚钟口风景区

1-5-3 刺槐（豆科 刺槐属）*Robinia pseudoacacia* L.

3.刺槐14株，1960年前后栽植，平均树龄63年，位于兴隆寺周边及主干道路边、老君堂庙门前平台等处。平均树高18.4米，平均胸径54.5厘米，平均冠幅10.5米×8.8米。兴隆寺周边的刺槐生长较弱，顶部有枯死大枝；主干道路边、老君堂庙门前平台的刺槐枝叶繁茂，生长正常。

重点保护树木——1.5银川市直·滚钟口风景区

1-5-3 刺槐（豆科 刺槐属） *Robinia pseudoacacia* L.

重点保护树木——1.5银川市直·滚钟口风景区

1-5-4 龙爪槐（豆科 槐属）　*Sophora japonica* Limn. var. *japonica* f. *pendula* Hort.

4.龙爪槐2株，1967年栽植，树龄56年，位于原花房门口。平均树高6.5米，平均胸径28.8厘米，平均冠幅6.5米×5.5米。主干通直，冠盖如伞，生长良好，花开似锦。

重点保护树木——1.5 银川市直·滚钟口风景区

1-5-5 旱柳（杨柳科 柳属）*Salix matsudana* Koidz.

5.旱柳1株，1945年栽植，树龄78年，位于清真寺门前。树高14.9米，胸径83.6厘米，冠幅13.5米×10.5米。树势生长正常，树冠偏北，有铁箍、支架支撑，东侧树干中空，空洞处用水泥修补。

重点保护树木——1.5 银川市直·滚钟口风景区

1-5-6 圆柏（柏科 圆柏属）*Sabina chinensis* (L.) Ant.

6.圆柏2株，1964年栽植，树龄59年，位于"贺兰灵钟亭碑记"旁边和兴隆寺院内。平均树高12.9米，平均胸径36.9厘米，平均冠幅8.50米×7.25米。树冠圆满，树体高大，生机勃勃。

重点保护树木——1.5 银川市直·滚钟口风景区

1-5-7 油松（松科 松属）*Pinus tabuliformis* Carr.

7.油松2株，分别于1963年和1967年栽植，树龄为60年和56年，分别为位于地震台院外路南和清真寺下部路南。平均树高18.4米，平均胸径42.7厘米，平均冠幅12.5米×8.8米。树体高大伟岸，树冠圆满开张，枝繁叶茂，生长良好。

重点保护树木——1.5银川市直·滚钟口风景区

1-5-8 青海云杉（松科 云杉属） *Picea crassifolia* Kom.

8.青海云杉2株，1962年栽植，树龄61年，位于民国史陈列馆前院内。平均树高13.2米，平均胸径36.5厘米，平均冠幅7.5米×5.5米。树体雄伟高大，枝条稀疏开张，生长基本正常。

重点保护树木——1.5 银川市直·滚钟口风景区

1-5-9　白榆（榆科　榆属）*Ulmus pumila* L.

9.白榆7株，1966年栽植，树龄57年，位于主干道路旁和老君堂前小广场内。平均树高15.6米，平均胸径58.2厘米，平均冠幅10.5米×8.5米。树体高大开张，枝条疏密有度，树势生长正常。

重点保护树木——1.5 银川市直•滚钟口风景区

1-5-10 梓（紫葳科 梓属）*Catalpa ovata* G.Don.

10.梓3株，1945年栽植，树龄78年，分别位于清真寺门前、娘娘庙门前和牡丹园门前。清真寺门前的梓树，原树冠已经死亡，自基部萌发枝条形成新树，新树高6.7米，胸径9.6厘米，冠幅3.5米×2.5米；娘娘庙门前和牡丹园门前的2株梓树，平均树高13.6米，胸径42.5厘米，冠幅8.5米×8.0米，娘娘庙门前的梓树顶部有枯死枝条。

清真寺门前

重点保护树木——1.5 银川市直·滚钟口风景区

1-5-10 梓（紫葳科 梓树属）*Catalpa ovata* G.Don.

牡丹园门前

娘娘庙门前

重点保护树木——1.5 银川市直 • 滚钟口风景区

1-5-11 白皮松（松科 松属）*Pinus bungeana* Zucc.ex Emdl.

11.白皮松2株，1955年栽植，树龄68年，位于民国史陈列馆后院的小台地上的。平均树高16.2.6米，平均胸径46.5厘米，平均冠幅5.5米×6.5米。树体伟岸高大，树冠圆满雄浑，主干树皮斑驳，开花结果正常。

重点保护树木——1.5银川市直·滚钟口风景区

1-5-12 箭杆杨（杨柳科 杨属）*Populus nigra* L. var. *thevestina* (Dode) Bean

12.箭杆杨26株,1955年栽植,树龄68年,位于民国史陈列馆后面山坡台地上。平均树高20.6米,平均胸径35.5厘米,平均冠幅3.5米×2.5米。树体高大挺拔,树冠直立窄小,生长基本正常。部分植株受病虫危害,树体生长较弱。

重点保护树木——1.5 银川市直·滚钟口风景区

1-5-12 箭杆杨（杨柳科 杨属）*Populus nigra* L. var. *thevestina* (Dode) Bean

重点保护树木——1.6 银川市直•贺兰山岩画旅游区

1-6-1　桑（桑科 桑属）*Morus alba* L.

贺兰山岩画旅游区，距银川城区50余千米，是中国游牧民族的艺术画廊。景区内的后备资源（重点保护）树木共有31株，分属5科5属5种，位于旅游区贺兰县金山乡金山村搬迁后遗留下的古村落（以下简称古村落）。主要有桑、小叶朴、小叶杨、桑、枣和胡桃等。

1.桑1株，1928年栽植，树龄95年。位于旅游区古村落西南的一条水蚀冲沟旁。树高14.5米，胸径93厘米，冠幅18.5米×14.5米。树干弯曲向上，树冠庞大圆满，枝繁叶茂，硕果累累，成为游客必到的打卡景点。

重点保护树木——1.6 银川市直•贺兰山岩画旅游区

1-6-2 小叶朴（榆科 朴属）*Celtis bungeana* Bl.

2.小叶朴（又称黑弹树）1株，1970年栽植，树龄53年，位于旅游区古村落东部的小院内。树高15米，胸径51厘米，冠幅10.5米×8.5米。树体挺拔秀丽，树冠圆满开张，开花结果正常。

重点保护树木——1.6 银川市直·贺兰山岩画旅游区

1-6-3 小叶杨（杨柳科 杨属）*Populus simonii* Carr.

3.小叶杨5株桑7株枣树15株胡桃2株，1970年栽植，树龄53年。位于旅游区古村落北部的数个小院内。平均树高17.5米，平均胸径56.5厘米，平均冠幅12.2米×9.5米。树体挺拔，树冠圆满，枝繁叶茂。

重点保护树木——1.6 银川市直·贺兰山岩画旅游区

1-6-4　桑（桑科 桑属）*Morus alba* L.

4.桑7株，1970年前后栽植，树龄53年。位于旅游区古村落北部小院及西部村外。平均树高14.8米，平均胸径51.5厘米，平均冠幅12.2米×10.5米。树体浑厚高大，树冠圆满开张，生长健壮，枝叶繁茂，能开花结果。

重点保护树木——1.6 银川市直·贺兰山岩画旅游区

1-6-4 桑（桑科 桑属）*Morus alba* L.

重点保护树木——1.6银川市直·贺兰山岩画旅游区

1-6-5 枣（鼠李科 枣属）*Ziziphus jujuba* Mill.

5.枣树15株，1970年前后栽植，树龄53年。位于旅游区古村落西部约1亩的枣树林内。平均树高5.5米，平均胸径31.5厘米，平均冠幅5.5米×3.5米。由于立地条件差，疏于管理，树势较弱，个别植株大枝枯亡，开花结果能力弱。

重点保护树木——1.6 银川市直·贺兰山岩画旅游区

1-6-6 胡桃（胡桃科 胡桃属）（核桃）*Juglans regia* L.

6.胡桃 2 株，1970 年前后栽植，树龄 53 年。位于旅游区古村落北部西侧。平均树高 14.5 米，平均胸径 78.5 厘米，平均冠幅 15.2 米 × 13.5 米。树体浑厚，树冠开张，生长正常，仅个别大枝枯亡，能开花结果。

重点保护树木——2.1兴庆区·宁夏西塔博物馆

2-1-1　刺槐（豆科　刺槐属）*Robinia pseudoacacia* L.

宁夏西塔博物馆内的后备资源（重点保护）树木共有4株，全为刺槐。

1.刺槐1株（原编号YZ025—5），1929年栽植，树龄94年，位于宁夏西塔博物馆前院内。树高16米，胸径81厘米，冠幅18米×15米。树势生长稍弱，采取树体吊挂营养液的方法为其补充营养，其基部分生三主枝，树体高大，树势开张，冠大荫浓。

重点保护树木——2.1兴庆区·宁夏西塔博物馆

2-1-2 刺槐（豆科 刺槐属）Robinia pseudoacacia L.

2.刺槐3株，1955年前后栽植，平均树龄68年，位于博物馆中院。平均树高15米，平均胸径80厘米，平均冠幅14米×12米。其中2株刺槐（原编号YZ025—1和YZ025—4）长势正常，1株刺槐（原编号YZ025—2）生长较弱；1株刺槐（原编号YZ025—3）死亡后补植1株槐。

重点保护树木——2.2兴庆区·进宁北街

2-2-1 刺槐（豆科 刺槐属）*Robinia pseudoacacia* L.

进宁北街的后备资源（重点保护）树木共有1株，为刺槐（原编号YZ013），1970年栽植，树龄53年，位于进宁北街沙湖宾馆西门风味小吃店门口。树高10米，胸径52厘米，冠幅4米×4米。树干东南面2.8米以下树皮均开裂死亡，主干倾斜，有铁架支撑；树冠残缺，长势较弱。

重点保护树木——2.3 兴庆区·西桥南巷

2-3-1 槐（豆科 槐属）*Sophora japonica* L.

西桥南巷的后备资源（重点保护）树木有1株，为槐，1970年栽植，树龄53年，位于西桥南巷的拐弯处。平均树高16.8米，平均胸径43.2厘米，平均冠幅12.5米×8.2米。其中，在青松茶楼前的1株大槐，胸径45.5厘米，主干在2米处弯曲上升，犹如长龙升跃长空。

重点保护树木——2.4兴庆区·富宁街

2-4-1 槐（豆科 槐属）*Sophora japonica* L.

富宁街的后备资源（重点保护）树木有1株，为槐，1971年栽植，树龄52年，位于富宁街中段。树高14.6米，胸径40.1厘米，冠幅10.5米×7.2米。树冠高大，生长正常，开花繁盛。

重点保护树木——2.5 兴庆区·宗睦巷

2-5-1　美国红梣（洋白蜡）（木犀科 梣属）　*Fraxinus pennsylvanica* Marsh.

宗睦巷的后备资源（重点保护）树木共有3株，分属2科2属2种。主要为洋白蜡和槐。

1.洋白蜡2株，1961年前后栽植，平均树龄62年。平均树高10.1米，平均胸径39.2厘米，平均冠幅6.5米×5.2米。1株大树主干弯曲或主干受伤，树冠较小，加强保护管理。

重点保护树木——2.5兴庆区●宗睦巷

2-5-2 槐（豆科 槐属）*Sophora japonica* L.

2.槐1株，1973年栽植，树龄50年。树高17.2米，平均胸径44.2厘米，平均冠幅12.5米×8.5米。树势挺拔，树冠较小，生长开花正常。

重点保护树木——2.6 兴庆区·中心巷

2-6-1 槐（豆科 槐属）*Sophora japonica* L.

中心巷的后备资源（重点保护）树木共有1株，为槐，1962年栽植，树龄61年。树高13.2米，胸径42.4厘米，冠幅11.5米×10.5米。树体整齐，树冠圆满，绿荫婆娑，生长良好。

重点保护树木——2.7 兴庆区·展览馆住宅小区

2-7-1 臭椿（苦木科 臭椿属）*Ailanthus altissima*（Mill.）Swingle

展览馆住宅小区的后备资源（重点保护）树木有1株，为臭椿（原编号YZ026），1973年栽植，树龄50年。树高19米，胸径41厘米，冠幅13.2米×14.0米。有树池保护，树干倾斜，有钢管支撑，树冠偏冠；主干南面基部有树洞，主干上早年受伤，木质裸露。周边有根蘖苗发育而成的幼树两株，一株已死亡，一株生长正常，胸径15厘米，树高12米。

重点保护树木——2.8 兴庆区·玉皇阁西侧

2-8-1 刺槐（豆科 刺槐属）*Robinia pseudoacacia* L.

玉皇阁西侧后备资源（重点保护）树木共有 8 株，全为刺槐，1970 年前后栽植，平均树龄 53 年，位于玉皇阁西侧。平均树高 17.5 米，平均胸径 62.5 厘米，平均冠幅 13.5 米×12.8 米。树体高大雄伟，树势苍劲古朴，枝干扶疏，春华秋实。

重点保护树木——2.9兴庆区•解放东街

2-9-1 槐（豆科 槐属）*Sophora japonica* L.

解放东街的后备资源（重点保护）树木共有35株，分属1科2属2种。主要为槐和刺槐。

1.槐4株，1970年前后栽植，平均树龄53年，位于解放东街以南至泽民巷。平均树高16.5米，平均胸径54.8厘米，平均冠幅10.5米×8.5米。树体高大，枝干相拥，绿荫铺地，黄花似锦。

重点保护树木——2.9兴庆区•解放东街

2-9-2　刺槐（豆科 刺槐属）*Robinia pseudoacacia* L.

2.刺槐4株，1970年前后栽植，平均树龄53年，位于解放东街（羊肉街口）至银川电视台南门。平均树高16.1米，平均胸径61.2厘米，平均冠幅9.0米×7.5米。树体挺拔苍劲，枝干扶疏有度，春天白花繁盛，秋季荚果串串。

重点保护树木——2.9兴庆区·解放东街

2-9-3 刺槐（豆科 刺槐属）*Robinia pseudoacacia* L.

3.刺槐17株，1970年前后栽植，平均树龄53年，位于解放东街（羊肉街口）至鼓楼段。平均树高16.8米，平均胸径56.5厘米，平均冠幅13.5米×10.5米。树势苍劲挺拔，树体密接相拥，冠大绿荫盖地。

重点保护树木——2.9兴庆区·解放东街

2-9-4 槐（豆科 槐属）*Sophora japonica* L.

4.槐10株，1970年前后栽植，平均树龄53年。位于解放东街（羊肉街口）至鼓楼段。平均树高15.5米，平均胸径53.5厘米，平均冠幅12.5米×11.5米。树体苍劲，树冠相接，绿荫铺地，花团锦簇。

重点保护树木——2.10 兴庆区·老市委院内

2-10-1 槐（豆科 槐属）*Sophora japonica* L.

老市委院内的后备资源（重点保护）树木共有6株，分属1科2属2种。主要为槐和刺槐。

1.槐4株，1957年栽植，平均树龄66年。平均树高12.2米，平均胸径40.2厘米，平均冠幅10.5米×8.5米。树势挺拔，树冠圆满，生长健壮，黄花似锦。

重点保护树木——2.10 兴庆区·老市委院内

2-10-2 刺槐（豆科 刺槐属）*Robinia pseudoacacia* L.

2.刺槐2株，1970年前后栽植，平均树龄53年。平均树高22.2米，平均胸径55.6厘米，平均冠幅12.5米×11.5米。树势高大挺拔，树冠枝叶扶疏，生长基本正常，但目前院内正翻建施工，需加强对其保护。

重点保护树木——2.11兴庆区·领东悦邸小区附近

2-11-1 毛白杨（杨柳科 杨属）*Populus tomentosa* Carr.

领东悦邸小区的后备资源（重点保护）树木有1株，为毛白杨，1972年栽植，树龄51年。位于兴庆区丽景街领东悦邸小区北门。树高26米，胸径76厘米，冠幅15.2米×16.5米。树体挺拔高大，树冠圆满，枝繁叶茂，生机盎然。

重点保护树木——3.1 金凤区·银川新火车站广场公园

3-1-1 小叶杨（杨柳科 杨属）*Populus simonii* Carr.

银川新火车站广场公园始建于2011年，公园的后备资源（重点保护）树木共有2株，位于广场公园东侧的绿地中，分属1科2属2种。主要为小叶杨和旱柳。

1.小叶杨1株，1965年栽植，树龄58年。树高18.5米，胸径105厘米，冠幅14.5米×18.5米。主干倾斜，内膛和外围有个别枝条枯亡，但树势总体生长良好。树势高大苍劲，主干弯曲向上，枝叶生长繁茂。

重点保护树木——3.1 金凤区·银川新火车站广场公园

3-1-2 旱柳（杨柳科 柳属）*Salix matsudana* Koidz.

2.旱柳1株，1965年栽植，树龄58年。树高14.2米，胸径95厘米，冠幅6.5米×8.5米。主干在60厘米处分生五大主枝，其第一主枝早年遭火而毁，仅保留一大侧枝。虽历经沧桑，但仍枝繁叶茂，生长健壮。

重点保护树木——3.2 金凤区·新华联南门小广场

3-2-1 榆树（白榆）（榆科 榆属）*Ulmus pumila* L.

新华联的后备资源（重点保护）树木共有2株，均为白榆，1971年栽植，树龄52年，位于北京中路新华联南门小广场南部。两株白榆相距1.5米，南边白榆树高24.5米，冠幅22米×26米，胸径65厘米，主干略有倾斜；北边白榆树高24.5米，冠幅22米×26米，胸径58厘米。树体雄壮伟岸，生长健壮。

重点保护树木——3.3 金凤区•自治区气象局附近

3-3-1 榆树（榆科 榆属）*Ulmus pumila* L.

宁夏气象局附近的后备资源（重点保护）树木共有3株，分属3科3属3种。主要为榆树、杏树和垂柳。

1.榆树1株，1970年栽植，树龄53年，位于宁夏气象局门前的小微公园内。树高26米，胸径108厘米，冠幅22米×22米。树体高大，雄伟壮观。

重点保护树木——3.3金凤区·自治区气象局附近

3-3-2 杏（蔷薇科 杏属）*Armeniaca vulgaris* Lam.

2.杏树1株，1972年栽植，树龄51年，位于在宁夏气象局门前的小微公园内。树高8.5米，胸径42厘米，冠幅7.5米×8.5米。树体浑圆，树势开张，生长旺盛，花繁似景。

重点保护树木——3.3金凤区·自治区气象局附近

3-3-3　垂柳（杨柳科 柳属）*Salix babylonica* L.

3.垂柳1株，1970年栽植，树龄53年，位于在宁夏气象局门前东侧的道路林带内。树高16.5米，胸径75厘米，冠幅12.5米×8.5米。树冠圆满，枝条开张，生长旺盛。

重点保护树木——3.4 金凤区上海西路供电局仓库院内

3-4-1 悬铃木（悬铃木科 悬铃木属）*Platanus acerifolia* (Aiton) Willdenow

该区域的后备资源（重点保护）树木有1株，为悬铃木，1969年栽植，树龄54年，位于上海西路供电局仓库院内。树高19.2米，胸径84.5厘米，冠幅18.0米×17.5米。树冠高大圆满，树势生长旺盛，结果良好。

重点保护树木——3.5 金凤区良田渠两侧

3-5-1 刺槐（豆科 刺槐属）*Robinia pseudoacacia* L.

该区域的后备资源（重点保护）树木共有10株，分属2科2属2种。主要为刺槐和新疆杨。

1.刺槐2株，1959年栽植，树龄64年，位于良田渠东侧。平均树高17.5米，胸径88厘米，冠幅13.0米×14.5米。树冠高大，树势旺盛，开花结果良好。

重点保护树木——3.5 金凤区良田渠两侧

3-5-2 新疆杨（杨柳科 杨属） *Populus alba* L.var. *pyramidalis* Bunge

2.新疆杨8株，1962年前后栽植，平均树龄61年，位于良田渠西侧。平均树高35.5米，胸径95厘米，冠幅15.0米×14.5米。树冠高大圆满，树势生长旺盛。

重点保护树木——3.5金凤区良田渠两侧

3-5-2 新疆杨（杨柳科 杨属） *Populus alba* L.var. *pyramidalis* Bunge

重点保护树木——3.6 金凤区供电局家属院

3-6-1 美国红梣（洋白蜡）（木犀科 梣属） *Fraxinus pennsylvanica* Marsh.

该区域的后备资源（重点保护）树木共有3株，分属3科3属3种。主要为美国红梣（洋白蜡）、毛白杨和新疆杨。

1.美国红梣（洋白蜡）1株，1960年栽植，树龄63年，位于供电局家属院内。树高17.5，胸径58厘米，冠幅13.0米×12.5米。树势挺拔，树冠圆满，生长旺盛。

重点保护树木——3.6 金凤区供电局家属院

3-6-2 毛白杨（杨柳科 杨属）*Populus tomentosa* Carr.

2.毛白杨2株，1963年栽植，树龄60年，位于供电局家属院内。平均树高31米，胸径78厘米，冠幅13.0米×14.5米。树势挺拔伟岸，树冠圆满苍翠，生长正常。

重点保护树木——3.6金凤区供电局家属院

3-6-3 新疆杨（杨柳科 杨属）*Populus alba* L.var. *pyramidalis* Bunge

3.新疆杨6株，1970前后栽植，平均树龄53年，位于供电局家属院内。平均树高29米，平均胸径71.5厘米，平均冠幅12.0米×11.5米。树干挺拔，树冠壮观，生长旺盛。

重点保护树木——3.6 金凤区供电局家属院

3-6-3 新疆杨（杨柳科 杨属）*Populus alba* L.var. *pyramidalis* Bunge

重点保护树木——3.7 金凤区满城路满春园

3-7-1 毛白杨（杨柳科 杨属） *Populus tomentosa* Carr

该区域的后备资源（重点保护）树木共有3株，全为毛白杨，1970年栽植，树龄53年，位于满城路满春园东北角。平均树高25米，平均胸径72厘米，平均冠幅10×14.5米。树体高大挺拔，树冠顶部有枯枝。

重点保护树木——3.8 金凤区通达北街

3-8-1 刺槐（豆科 刺槐属）*Populus tomentosa* Carr

该区域的后备资源（重点保护）树木共有1株，均为刺槐，1970年栽植，树龄53年，位于通达北街新华联东门的行道树。树高17米，胸径67厘米，冠幅13米×14米。树势弱，树体的3主枝仅存活1主枝，其余主枝均枯亡，需加强管理，增施水肥。

重点保护树木——3.9金凤区福州北街

3-9-1　刺槐（豆科　刺槐属）　*Populus tomentosa* Carr

　　该区域的后备资源（重点保护）树木共有2株，均为刺槐，1970年栽植，树龄53年，位于福州北街与上海路路口西南角的行道树。树高16米，胸径65厘米，冠幅12米×14米。树势强健，树冠开张，开花结果正常。

重点保护树木——3.10 金凤区湖畔嘉园

3-10-1 美国红梣（洋白蜡）（木犀科 梣属） *Fraxinus pennsylvanica* Marsh.

该区域的后备资源（重点保护）树木有1株，为美国红梣（洋白蜡），1970年栽植，树龄53年，位于湖畔嘉园中房幸福里门口。树高13.5米，胸径62厘米，冠幅13米×12米。树体高大，树冠圆满，绿荫铺地。

重点保护树木——4.1 西夏区●朔方路风华小区附近

4-1-1　刺槐（豆科　刺槐属）*Robinia pseudoacacia* L.

　　风华小区的后备资源（重点保护）树木共有2株，均为刺槐，1971年栽植，树龄52年，位于朔方路风华小区北门外林带内。平均树高16.2米，平均胸径51厘米，平均冠幅6.2米×7.5米。生长正常，树体高大，枝叶扶疏。

重点保护树木——4.2 西夏区·银川老火车站广场

4-2-1 槐（豆科 槐属）*Sophora japonica* L.

银川老火车站广场的后备资源（重点保护）树木共有3株，分属2科2属2种。主要为槐和圆柏。

1.槐2株，1971前后年栽植，平均树龄52年，位于广场东部。平均树高14米，平均胸径48.1厘米，平均冠幅17.2米×13.8米。树势挺拔苍劲，树冠圆满旺盛，绿荫盖地，花团锦簇。

重点保护树木——4.2 西夏区•银川老火车站广场

4-2-2 圆柏（柏科 圆柏属）*Sabina chinensis* (L.) Ant.

2.圆柏1株，1970年栽植，树龄53年，位于原火车站入口处。树高6.8米，胸径33.5厘米，冠幅5.5米×4.5米。树体浑圆，生长旺盛。

重点保护树木——4.3 西夏区 • 铁路西小公园

4-3-1 小叶杨（杨柳科 杨属）*Populus simonii* Carr.

铁路西小公园的后备资源（重点保护）树木共有5株，均为小叶杨，1972年栽植，树龄51年，位于北京西路铁路西小公园内。平均树高24.2米，平均胸径62.5厘米，平均冠幅15.2米×13.8米。其中双株2处，单株1处，管护到位，树体宽宏高大，树冠开张圆满。

重点保护树木——4.4西夏区●贺兰山宾馆院内

4-4-1 刺槐（豆科 刺槐属）*Robinia pseudoacacia* L.

　　贺兰山宾馆院内的后备资源（重点保护）树木共有8株，分属5科5属5种。主要为刺槐、洋白蜡、青海云杉、白榆和圆柏。

　　1.刺槐2株，1970年前后栽植，平均树龄53年，位于贺兰山宾馆前院。平均树高16.1米，平均胸径48.5厘米，平均冠幅10.2米×9.7米，树势生长较弱，顶部有大枝枯死。

重点保护树木——4.4西夏区·贺兰山宾馆院内

4-4-2 美国红梣（洋白蜡）（木犀科 梣属）*Fraxinus pennsylvanica* Marsh.

2.美国红梣（洋白蜡）2株，1970年前后栽植，平均树龄53年，位于贺兰山宾馆西院。平均树高9.8米，平均胸径38.5厘米，平均冠幅8.2米×7.5米。树势生长强健，树冠浑厚圆满。

重点保护树木——4.4西夏区●贺兰山宾馆院内

4-4-3 榆树（白榆）（榆科 榆属）*Ulmus pumila* L.

3.榆树1株，1970年栽植，树龄53年，位于贺兰山宾馆西院。树高18.8米，胸径45.8厘米，冠幅8.5米×5.8米。树势高大挺拔，生长基本正常，内膛枝条过密，枝条有枯死现象。

重点保护树木——4.4西夏区·贺兰山宾馆院内

4-4-4 青海云杉（松科 云杉属）Picea crassifolia Kom.

4.青海云杉2株，1970年前后栽植，平均树龄53年，位于贺兰山宾馆前院。平均树高14.6米，平均胸径37.5厘米，平均冠幅8.4米×7.8米。树势雄伟旺盛，树冠圆满开张。

重点保护树木——4.4西夏区●贺兰山宾馆院内

4-4-5 圆柏（柏科 圆柏属） *Sabina chinensis* (L.) Ant.

5.圆柏1株，1970年栽植，树龄53年，位于贺兰山宾馆前院。树高14.2米，胸径38.3厘米，冠幅4.2米×3.8米。树势挺拔，形似宝塔，枝叶繁茂，生长旺盛。

重点保护树木——4.5 西夏区·志辉源石酒庄

4-5-1 美国红梣（洋白蜡）（木犀科 梣属） *Fraxinus pennsylvanica* Marsh.

志辉源石酒庄始建于20世纪90年代，利用废弃的采砂坑进行的生态环境治理，引进栽植了大批大规格树种。酒庄内的后备资源（重点保护）树木共有111株，分属7科8属9种。主要为美国红梣（洋白蜡）、白榆、茶条槭、刺槐、槐、细裂槭、沙枣、雪松、旱柳等。

1.美国红梣（洋白蜡）1株，2013年移植，移植时树龄55年，现树龄65年，位于志辉源石酒庄入口处小广场处。树高11.5米，胸径49.5厘米，冠幅10.2米×9.5米。树势挺拔，树冠圆满，生长势强。

重点保护树木——4.5 西夏区·志辉源石酒庄

4-5-2 榆树（白榆）（榆科 榆属）*Ulmus pumila* L.

2.榆树2株，2013年移植，移植时树龄60年，现树龄70年，位于志辉源石酒庄入口处小广场东门两侧。平均树高10.5米，平均胸径50.5厘米，平均冠幅9.5米×8.8米。其中一株树龄较大，原树冠死亡，现树冠是在原有主枝上发育而成。整体保护管理到位，树势恢复较好，生长旺盛。

重点保护树木——4.5 西夏区·志辉源石酒庄

4-5-3 茶条槭（槭树科 槭属）*Acer ginnala* Maxim.

3.茶条槭1株，2013年移植，移植时树龄65年，现树龄75年，位于志辉源石酒庄中部路边东侧。树高14.2米，胸径57厘米，冠幅12.5米×10.5米。树形偏冠，生长良好，正常开花结果，翅果红色，观赏性强。

重点保护树木——4.5西夏区·志辉源石酒庄

4-5-4 刺槐（豆科 刺槐属）*Robinia pseudoacacia* L.

4.刺槐1株，2013年移植，移植时树龄55年，现树龄65年，位于志辉源石酒庄北侧的路边。树高17.5米，胸径67.5厘米，冠幅13.5米×12.5米。主干自1.2米处分为两大主枝，树冠圆满，树势强健，开花结果正常。

重点保护树木——4.5 西夏区·志辉源石酒庄

4-5-5 槐（豆科 槐属）*Sophora japonica* L.

5.槐1株，2013年移植，移植时树龄60年，现树龄70年，位于志辉源石酒庄北侧的草坪中。树高15.2米，胸径55.5厘米，冠幅11.5米×10.8米。树体高大，树冠基本完整，生长正常，可开花结果。

重点保护树木——4.5 西夏区·志辉源石酒庄

| 4-5-6 | 旱柳（杨柳科 柳属）*Salix matsudana* Koidz. |

6.旱柳100株，2017年移植，移植时树龄85年，现树龄91年，位于志辉源石庄园北部主干道及生产路两侧。该树因生产"柳橡"而整为杯状形，俗称"毛头柳"。平均树高8.5米，胸径115.5厘米，冠幅8.5米×6.5米。树冠圆满，枝条丰富，生长旺盛。

重点保护树木——4.5 西夏区·志辉源石酒庄

4-5-7 细裂槭（槭树科 槭属）*Acer pilosum* var. *stenolobum* (Rehder) W.P.Fang

7.细裂槭1株，2013年移植，移植时树龄70年，现树龄80年，位于志辉源石酒庄北侧围墙外。树高16.5米，胸径58.5厘米，冠幅10.5米×8.5米。移栽后树势恢复差，外围枝条生长弱，树冠顶部枝条枯亡，树冠残缺不全。

重点保护树木——4.5 西夏区·志辉源石酒庄

4-5-8 沙枣（胡颓子科 胡颓子属）*Elaeagnus angustifolia* L.

8.沙枣1株，2017年移植，移植时树龄45年，现树龄51年，位于志辉源石酒庄中部小广场。树高11.5米，胸径45.5厘米，冠幅6.5米×5.5米。移栽后锯除一大主枝，树势恢复较好，枝条生长旺盛，可正常开花结果。

重点保护树木——4.5 西夏区·志辉源石酒庄

4-5-9 雪松（松科 雪松属）*Cedrus deodara* (Roxb.) G.Don

9.雪松1株，2020年移植，移植时树龄50年，现树龄53年，位于志辉源石酒庄北侧广场的绿地中。树高13.5米，胸径53.5厘米，冠幅10.2米×8.5米。树姿秀丽挺拔，树冠圆满开张，枝条稠密丰富。

重点保护树木——4.5 西夏区 • 志辉源石酒庄

4-5-10 旱柳（杨柳科 柳属）*Salix matsudana* Koidz.

10.旱柳2株，2015年移植，移植时树龄80年，现树龄88年，位于志辉源石酒庄中北部蓄水池北侧。平均树高16.3米，平均胸径119厘米，平均冠幅15.5米×14.5米。树体高大，树姿开张，树冠圆满，枝繁叶茂。

重点保护树木——4.6西夏区·贺兰山休闲运动公园

4-6-1 柽柳（柽柳科 柽柳属）*Tamarix chinensis* Lour.

贺兰山休闲运动公园位于西夏区镇北堡贺兰山脚下，占地面积500余亩，利用废弃的砂石采矿坑，进行生态修复和环境治理，通过植树造林、建设绿色休闲景观，成为人们休闲旅游的打卡地。在建园时，引进移植了大规格的树木。公园内的后备资源（重点保护）树木共有139株，分属5科5属5种。主要为柽柳、旱柳、槐、细裂槭和楸等。

1.柽柳（群）10株，2013年移植，移植时树龄40年，现树龄50年，位于公园中部广场北侧绿地中。平均树高4.8米，平均胸径38厘米，平均冠幅5.2米×3.5米。树形为小乔木，树冠圆满，树姿开张，正常开花。

重点保护树木——4.6 西夏区·贺兰山休闲运动公园

4-6-2 旱柳（杨柳科 柳属）*Salix matsudana* Koidz.

2.旱柳100株，2017年移植，移植时树龄85年，现树龄91年，位于公园主干道两侧。该树因生产"柳椽"而整为杯状形，俗称"毛头柳"。平均树高7.5米，胸径95厘米，冠幅7.5米×5.5米。大部分树干中空，但枝条丰富，生长正常。

重点保护树木——4.6西夏区·贺兰山休闲运动公园

4-6-3　槐（豆科　槐属）*Sophora japonica* L.

3.槐3株，2017年移植，移植时树龄70年，现树龄76年，位于公园景观桥水系旁的绿地中。平均树高15.5米，平均胸径76.4厘米，平均冠幅12.5米×10.5米。移植后，生长迅速，树势恢复较快，树形美观。

重点保护树木——4.6 西夏区·贺兰山休闲运动公园

4-6-4 细裂槭（槭树科 槭属）*Acer pilosum* var. *stenolobum* (Rehder) W. P. Fang

4.细裂槭1株，2017年移植，移植时树龄80年，现树龄86年，位于公园中部主干道边。隔路与槐大树相对而望。树高14.5米，胸径62.5厘米，冠幅15.2米×8.5米。移植后，树体倾斜，用铁架支撑，树冠恢复较快，开花结果正常，已成为公园的重要植物景观之一。

重点保护树木——4.6西夏区·贺兰山休闲运动公园

4-6-5　楸（紫葳科 梓属）Catalpa bumgei C.A.Mey.

5.楸树25株，2017年移植，移植时树龄45年，现树龄51年，位于公园南部的北坡面上。平均树高15.5米，平均胸径45.2厘米，平均冠幅8.5米×6.5米。移植后，树势恢复较快，可开花结果。

重点保护树木——4.7 西夏区·宁夏大学文萃校区

4-7-1 毛泡桐（玄参科　泡桐属）*Paulownia tomentosa* (Thunb.) Steud.

该区域的后备资源（重点保护）树木共有2株，为毛泡桐，1965年栽植，树龄58年，位于宁夏大学文萃校区。平均树高17米，胸径58厘米，冠幅16米×14米。树体高大，树冠圆满，繁花似锦。

重点保护树木——4.8西夏区·宁夏农垦枸杞研究院有限公司

4-8-1 银新杨（杨柳科 杨属）*Populus alba* × *P. dba* L. var. *pyramidalis* Bge.

宁夏农垦枸杞研究院有限公司的后备资源（重点保护）树木共有19株，分属2科2属2种。主要为桧柏和银新杨。

1.银新杨7株，栽植于1970年，树龄53年，位于宁夏农垦枸杞研究院有限公司院内。平均树高29.5米，胸径72厘米，冠幅8米×6米。树体高大挺拔，树势生长旺盛。

重点保护树木——4.8 西夏区·宁夏农垦枸杞研究院有限公司

4-8-1 银新杨（杨柳科 杨属）*Populus alba* × *P. dba* L. var. *pyramidalis* Bge.

重点保护树木——4.8西夏区·宁夏农垦枸杞研究院有限公司

4-8-2　桧柏（柏科　圆柏属）*Sabina chinensis* (L.) Ant.

2.桧柏12株，栽植于1965年，树龄58年，位于宁夏农垦枸杞研究院有限公司院内。平均树高27.5米，胸径43厘米，冠幅7.5米×6.5米。树体高大，树冠塔形，枝条密集，雌雄异株。

4-8-2 桧柏（柏科 圆柏属）*Sabina chinensis* (L.) Ant.

重点保护树木——5.1 贺兰县 • 金山林场

5-1-1 樟子松（松科 松属）*Pinus sylvestris* var. mongolica Litv.

金山林场的后备资源（重点保护）树木共有118株，分属3科3属5种。主要为樟子松、银白杨、新疆杨、小叶杨、刺槐等。

1.樟子松10株，1972年栽植，树龄51年，位于林场场部院内。平均树高16.5米，平均胸径39.5厘米，平均冠幅14.2米×11.5米。树冠高大开张，树体整齐健壮。

重点保护树木——5.1 贺兰县·金山林场

5-1-2 银白杨（杨柳科 杨属）*Populus alba* L.

2.银白杨2株，1972年栽植，树龄51年，位于林场场部院内。树高32.5米，胸径79.5厘米，冠幅19.1米×17.3米。树势挺拔，树体高大，生长旺盛。

重点保护树木——5.1 贺兰县·金山林场

5-1-3 新疆杨（杨柳科 杨属） *Populus alba* L. var. *pyramidalis* Bge.（= *P. bolleana* Lauche）

3.新疆杨10株,1972年栽植,树龄51年,位于林场场部院内。平均树高41.5米,平均胸径75.2厘米,冠幅10.5米×4.5米。树干通直圆整,树势挺拔参天,生长旺盛。

重点保护树木——5.1 贺兰县·金山林场

5-1-4 小叶杨（杨柳科 杨属）*Populus simonii* Carr.

4.小叶杨1株，1970年栽植，树龄53年，位于林场北部苗圃地。树高29.2米，胸径83.5厘米，冠幅11.5米×10.2米。为原苗圃遗留，树体高大，树势雄浑，枝叶繁茂，独立成景。

重点保护树木——5.1贺兰县·金山林场

5-1-5 刺槐（豆科 刺槐属）*Robinia pseudoacacia* L.

5.刺槐95株，1971年栽植，树龄52年，位于林场东北部。为1971年从山东省刺槐优良种源区引进刺槐优良苗木，建立的刺槐母树林。平均树高17.5米，胸径43.6厘米，冠幅10.5米×8.7米。大部分植株生长正常，可开花结果，部分植株顶部有枯亡大枝。

重点保护树木——5.1 贺兰县·金山林场

5-1-5 刺槐（豆科 刺槐属）*Robinia pseudoacacia* L.

重点保护树木——5.2 贺兰县·原贺兰县林科所

5-2-1 新疆杨（杨柳科 杨属） *Populus alba* L. var. *pyramidalis* Bge.（=*P. bolleana* Lauche）

贺兰县原林科所院内的后备资源（重点保护）树木共有6株，均为新疆杨，1972年栽植，树龄51年。平均树高38.2米，平均胸径71.5厘米，平均冠幅8.5米×8.2米。树体挺拔高大，树势生长旺盛。

重点保护树木——5.3 贺兰县·贺兰一中

5-3-1 刺槐（豆科 刺槐属）*Robinia pseudoacacia* L.

贺兰一中院内的后备资源（重点保护）树木共有6株，均为刺槐，平均树龄63年。养护管理到位，均有石质围栏保护，除个别植株顶部有枯死枝条外，其他均生长良好。

1.刺槐2株，1958年栽植，树龄65年，位于学校南部。平均树高22.5米，平均胸径75.8厘米，平均冠幅14.2米×10.8米。树冠高大宏伟，树姿开张秀美。

重点保护树木——5.3 贺兰县•贺兰一中

5-3-2 刺槐（豆科 刺槐属）*Robinia pseudoacacia* L.

2.刺槐2株，1962年栽植，树龄61年，位于校园北门东侧。平均树高20.5米，平均胸径73厘米，平均冠幅7.5米×8.5米。

重点保护树木——5.3 贺兰县·贺兰一中

5-3-3　刺槐（豆科 刺槐属）*Robinia pseudoacacia* L.

3.刺槐2株，1962年栽植，树龄61年，位于校园中部教学楼边。平均树高18.5米，平均胸径70.5厘米，平均冠幅7.0米×7.5米。

重点保护树木——5.4贺兰县·洪广镇高荣十一队

5-4-1 胡桃（核桃）（胡桃科 胡桃属）*Juglans regia* L.

高荣十一队的后备资源（重点保护）树木有1株，为胡桃（核桃）树，1958年栽植，树龄65年，位于贺兰县洪广镇高荣十一队李某某家院内。树高14.6米，胸径72.4厘米。冠幅16.5米×15.5米。品种为新疆薄皮胡桃，树体高大浑厚，树冠圆满开张，生长旺盛，结果良好。

重点保护树木——5.5 贺兰县·金贵镇雄英六队

5-5-1 桑（桑科 桑属）*Morus alba* L.

金贵镇雄英村六队的后备资源（重点保护）树木共有16株，均为桑，平均树高12.85米，平均胸径66.1厘米，平均冠幅16.2米×12.5米。树体浑厚，枝繁叶茂。

1.刘某某院内桑3株，1972年栽植，树龄51年，平均高12米，平均胸径64厘米，平均冠幅8.5米×7.5米。

重点保护树木——5.5贺兰县·金贵镇雄英六队

5-5-2 桑（桑科 桑属）*Morus alba* L.

2.孙某院内桑2株，1970年栽植，树龄53年，平均树高15米，平均胸径66厘米，平均冠幅13.0米×12.5米。树势高大，树冠圆满。

重点保护树木——5.5 贺兰县·金贵镇雄英六队

5-5-3 桑（桑科 桑属）*Morus alba* L.

3.孙某某院内桑11株，1970年栽植，树龄53年，平均树高14.5米，平均胸径75厘米，平均冠幅14.2米×12.5米。树体浑厚，枝繁叶茂，这11株桑树，每年仅桑葚的收入可达1万元以上。

重点保护树木——5.6 贺兰县·金贵镇联星11队

5-6-1 枣（鼠李科 枣属）*Ziziphus jujuba* Mill.

金贵镇联星11队的后备资源（重点保护）树木共有5株，分属2科2属，主要为枣树和胡桃树。

1.圆枣1株，栽植于1953年，树龄70年，位于联星村11队观光园内。树高14.5米，自地面起分生2主枝，胸径分别为44厘米和41厘米，冠幅18.0米×14.5米。树体健壮，开花结果正常。

重点保护树木——5.6 贺兰县·金贵镇联星11队

5-6-2　胡桃（核桃）（胡桃科　胡桃属）*Morus alba* L.

2.胡桃4株，栽植于1950年，树龄73年，位于联星村11队观光园内。平均树高19.5米，平均胸径81厘米，平均冠幅15.0米×17.5米。树体高大雄伟，树冠开张浑圆，树势生长旺盛，开花结果良好。

3号树

2号树

1号树

重点保护树木——5.6贺兰县·金贵镇联星11队

5-6-2 胡桃（核桃）（胡桃科 胡桃属）*Morus alba* L.

重点保护树木——6.1 永宁县 • 迎宾大道小公园

6-1-1　胡桃（核桃）（胡桃科 胡桃属）*Morus alba* L.

迎宾大道小公园内的后备资源（重点保护）树木共有10株，均为胡桃树，1971年栽植，树龄52年。位于迎宾大道中段路南的小公园内，原属于杨和镇永红村集体所有。平均高9.5米，平均胸径65厘米，平均冠幅3.5米×4.5米。挂牌保护，树势整体较弱，原树大主枝基本枯死，现树冠均为内膛枝发育形成。通过锯除枯死大枝，培养内膛大枝，形成新的树冠，增施有机肥料，加强综合管理，以恢复树势。

重点保护树木——6.1 永宁县·迎宾大道小公园

6-1-1　胡桃（核桃）（胡桃科　胡桃属）*Morus alba* L.

重点保护树木——6.2 永宁县·观桥苗圃

6-2-1 胡桃（核桃）（胡桃科 胡桃属）*Morus alba* L.

　　观桥苗圃的后备资源（重点保护）树木共有12株，均为胡桃树，1970年前后栽植，平均树龄53年，位于109国道的永宁县北部林业工作站——观桥苗圃内。平均树高13.5米，平均胸径58厘米，平均冠幅3.0米×5.5米。有挂牌，树势生长基本正常，个别大主枝枯死，可开花结果。通过锯除枯死大枝，增施有机肥料，加强综合管理。

重点保护树木——6.2 永宁县 • 观桥苗圃

6-2-1 胡桃（核桃）（胡桃科 胡桃属）*Morus alba* L.

重点保护树木——7.1 灵武市·枣博园

7-1-1 灵武长枣（鼠李科 枣属）*Ziziphus jujuba* 'Lingwuchangzao'

灵武市世界枣树博览园的后备资源（重点保护）树木共有1585株，树龄50~99年。没有挂牌，保护和管理精细，生长健壮，硕果累累。主要为枣树，其中灵武圆枣为主要品种，约占枣树资源的60%以上。其他为杏树、长把梨、冬果梨、垂柳、旱柳、榆树（白榆）、毛白杨、美洲黑杨、灵武长枣等。

1.灵武长枣635株，1960年前后栽植，平均树龄63年，遍布于枣博园之中。平均树高15.5米，胸径32.5厘米，冠幅5米×6米。树势旺盛，树冠开张，结果良好。

重点保护树木——7.1 灵武市·枣博园

7-1-2 灵武圆枣（鼠李科 枣属）*Ziziphus jujuba* 'Lingwuyuanzao'

2.灵武圆枣950株，1960年前后栽植，平均树龄63年，遍布于枣博园之中。平均树高14.5米，胸径33厘米，冠幅5米×6米。树体生长旺盛，开花结果良好。

重点保护树木——7.1 灵武市●枣博园

7-1-2 灵武圆枣（鼠李科 枣属）*Ziziphus jujuba* 'Lingwuyuanzao'

重点保护树木——7.1 灵武市•枣博园

7-1-3 杏（蔷薇科 杏属）*Armeniaca vulgaris* Lam.

3.杏树1株，1970年栽植，树龄53年，位于枣博园一期西区中部。树高11.5米，胸径54.2厘米，冠幅12.5米×11.5米。树体生长旺盛，树冠开张圆满，可开花结果。

重点保护树木——7.1 灵武市•枣博园

7-1-4 长把梨（蔷薇科 梨属） *Pyrus bretschneideri* 'Changbali'

4.长把梨10株，1960前后年栽植，平均树龄63年，位于枣博园一期西区。树高14.5米，胸径68.0厘米，冠幅10.5米×7.5米。树体高大，树势开张，生长基本正常，可开花结果。

重点保护树木——7.1 灵武市·枣博园

7-1-4 长把梨（蔷薇科 梨属） *Pyrus bretschneideri* 'Changbali'

重点保护树木——7.1 灵武市 • 枣博园

7-1-5　冬果梨（蔷薇科 梨属）*Pyrus bretschneideri* 'Dongguoli'

5.冬果梨3株，1960年前后栽植，平均树龄63年，位于枣博园一期西区。平均树高14.5米，平均胸径62.5厘米，平均冠幅8.5米×6.5米。树体生长正常，可开花结果。

重点保护树木——7.1 灵武市·枣博园

7-1-6 垂柳（杨柳科 柳属）*Salix babylonica* L.

6.垂柳1株，1972年栽植，树龄51年，位于枣博园一期西区东南。树高15.2米，胸径58.2厘米，冠幅9.1米×8.5米。树干较高，树冠圆满，树姿优美，生长旺盛。

重点保护树木——7.1 灵武市·枣博园

7-1-7 旱柳（杨柳科 柳属）*Salix matsudana* Koidz.

7.旱柳5株，1971年前后栽植，平均树龄52年，位于枣博园一期西区中部。平均树高17.5米，平均胸径68.5厘米，平均冠幅11.5米×10.8米。树势高大，树冠圆满，枝叶旺盛，绿影婆娑。

重点保护树木——7.1 灵武市 • 枣博园

7-1-8 榆树（白榆）（榆科 榆属）*Ulmus pumila* L.

8.榆树1株，1971年栽植，树龄52年，位于枣博园一期西区中部。树高13.5米，胸径57.8厘米，冠幅8.5米×8.2米。树势挺拔，树冠浑圆，枝叶旺盛。

7-1-9 毛白杨（杨柳科 杨属）*Populus tomentosa* Carr.

9.毛白杨1株，1972年前后栽植，树龄51年，位于枣博园一期西区北部。树高28.5米，胸径85.5厘米，冠幅20.5米×18.5米。树势健壮雄伟，树姿开张圆满，枝条生长旺盛。

重点保护树木——7.1 灵武市 • 枣博园

7-1-10 美洲黑杨（杨柳科 杨属）*Populus deltoides* W. Bartram ex Marshall

10.美洲黑杨1株,1972年前后栽植,树龄51年,位于枣博园一期西区中西部。树高30米,胸径69厘米,冠幅12.5米×11.5米。树势伟岸壮观,树姿直立俊美。

重点保护树木——7.2 灵武市·东塔镇

7-2-1　灵武圆枣（鼠李科 枣属）*Ziziphus jujuba* 'Lingwuyuanzao'

东塔镇的后备资源（重点保护）树木共有5238株，树龄50~99年。品种为灵武圆枣和灵武长枣，主要分布在果园村、黎民村的秦渠两侧、居民住宅区和灵武园艺试验场老园子。由于近年居民住宅的拆迁，管理一般，仍可开花结果。

1.灵武圆枣3200株，1960年前后栽植，平均树龄63年。平均树高14米，胸径30.5厘米，冠幅5米×6米。树势生长旺盛，树冠开张，开花结果良好。

重点保护树木——7.2 灵武市·东塔镇

7-2-2　灵武长枣（鼠李科　枣属）*Ziziphus jujuba* 'Lingwuchangzao'

2.灵武长枣2038株，1960年前后栽植，平均树龄63年。平均树高14米，胸径33厘米，冠幅7米×6米。树体生长旺盛，树冠开张圆满，可开花结果。

重点保护树木——7.3 灵武市·灵武园艺试验场

7-3-1 刺槐（豆科 刺槐属）*Robinia pseudoacacia* L.

灵武园艺试验场位于灵武市东郊，始建于1951年，1964年开发"教场滩"时，种植果树，建设防护林。其后备资源（重点保护）树木共有3株，1964年栽植，树龄59年。主要为刺槐、沙枣和白榆。

1.刺槐1株，位于园艺场住宅区外广场东南角。树高18.5米，胸径71厘米，冠幅10.2米×9.5米。树体伟岸苍劲，树冠开张圆满，生长旺盛，正常开花结果。

重点保护树木——7.3 灵武市·灵武园艺试验场

7-3-2　沙枣（胡颓子科 胡颓子属）*Elaeagnus angustifolia* L.

2.沙枣1株，位于园艺场住宅区外广场东南角。树高13.2米，胸径74厘米，冠幅14.5米×8.7米。树干倾斜，树冠偏冠，虬枝似龙，蔚为壮观。

重点保护树木——7.3 灵武市·灵武园艺试验场

7-3-3 榆树（白榆）（榆科 榆属）*Ulmus pumila* L.

3.榆树1株，位于园艺场住宅区外广场东部。树高19米，胸径76厘米，冠幅9.5米×8.7米。树体高大，树冠浑圆，枝叶茂密，生长健壮。

重点保护树木——8.宁夏灵武白芨滩国家级自然保护区长流水管理站

8-1　旱柳（杨柳科 柳属）*Salix matsudana* Koidz.

宁夏灵武白芨滩国家级自然保护区的后备资源（重点保护）树木共有14株，分属4科4属4种。主要为旱柳、沙枣、杏和桑。

1.旱柳3株，1943年栽植，树龄80年，位于保护区长流水管理站长流水景区桑杏园中部。平均树高树21米，胸径95厘米，冠幅14米×12米。树势挺拔，树冠圆满。

重点保护树木——8.宁夏灵武白芨滩国家级自然保护区长流水管理站

8-2　沙枣（胡颓子科 胡颓子属）*Elaeagnus angustifolia* L.

2.沙枣1株，1958年栽植，树龄65年，位于保护区长流水管理站长流水景区桑杏园西部的长流水沟北岸。树高14.5米，胸径85厘米，冠幅7.5米×8.5米。主干倾斜，树势强健，枣花盛开，浓香四溢。

重点保护树木——8.宁夏灵武白芨滩国家级自然保护区长流水管理站

8-3　杏（蔷薇科 杏属）*Armeniaca vulgaris* Lam.

3.杏树9株，1958年前后栽植，平均树龄65年，位于保护区长流水管理站长流水景区桑杏园中南部，栽植于1958年，树龄65年。其中1株主干倒地、1株主干倾斜，其余生长正常，可正常开花结果。平均树高12.5米，胸径59厘米，冠幅8.5米×9.0米。

重点保护树木——8.宁夏灵武白芨滩国家级自然保护区长流水管理站

8-3　杏（蔷薇科 杏属）*Armeniaca vulgaris* Lam.

重点保护树木——8.宁夏灵武白芨滩国家级自然保护区长流水管理站

8-4　桑（桑科 桑属）*Morus alba* L.

4.桑1株，1943年栽植，树龄80年，位于桑杏园中部。树高树20米，胸径128厘米，冠幅18米×20米。树体高大，树冠圆满，生长旺盛，结果累累。

六、保护复壮措施

坚持"生态优先、绿色发展"战略,以建设黄河流域生态保护和高质量发展先行区示范市为契机,按照国家森林城市和国家生态园林城市创建标准,加强对全市古树名木和后备资源的保护管理,制订保护管理方案,实施保护修复工程,构建动态监测系统,全面提升保护管理的规范化、制度化水平,达到稳定生长、长期续存的目标,推进银川生态园林可持续、高质量发展。

一、保护管理措施

1.加强组织领导,科学合理规划

古树名木的保护和管理工作是一项延续历史、提高文化品位的系统工程,各级政府应高度重视,强化组织领导。各县(市)、区林草业和园林绿化部门,要制定科学合理的古树名木、重点保护树木保护管理规划;对成片的古树名木建立保护区,对散生的古树名木建立保护点的方式开展保护,确保保护管理工作落实到位。

2.明确管护责任,严格监督考核

对确认权属的古树名木,按照"谁拥有谁负责"的原则,使辖区内每一株古树名木管护责任落实到单位和个人;对权属有争议的古树名木做到保护优先,并及时组织协调确认权属归属。各级政府、各有关部门和单位实行主要领导负责制,签订目标责任书。建立健全管护责任制制度,对古树名木管护工作进行全面监督指导。结合林长制改革建设,将古树名木保护纳入林长职责范围,作为林长年度考核的一项重要内容。

3.利用信息平台,构建监测体系

在古树名木较为集中的区域,充分利用现有的林草、园林及旅游景点等视频监测平台,加强对古树名木、后备资源树木的视频监测管理,在市级主管部门建立视频监测终端系统,构建全市古树名木信息视频监测体系。

4.强化媒体宣传,提高公众意识

充分利用各种媒体,加大宣传力度,增强全民保护意识,营造保护古树名木的浓厚氛

围。广泛宣传树木的生长位置、背景资料、历史故事、生长现状和保护修复情况等,展示古树名木的独特魅力,让广大群众充分了解古树名木的历史文化和生态价值。调动社会力量参与古树名木保护的积极性,形成政府主导、全民参与的局面。

5.建立普查建档,减少人为破坏

管理部门要查清当地的古树名木、后备资源,建立档案、设立标志、制定保护管理措施、划定保护范围、确定管护责任。倡导全面管理和监督,实行编号挂牌,在古树周围设立栅栏,隔离游人,避免损伤。

6.加大资金支持,提高保护力度

保护古树名木是一项社会性公益事业,各级公共财政应当把古树名木、后备资源树木保护管理等工作经费列入年度预算。设立古树名木保护专项基金,多渠道筹集资金,积极鼓励社会资本参与古树名木的保护和管理。鼓励单位和个人认养古树名木和资助古树名木的养护以及开展冠名保护等活动。

二、复壮技术措施

1.开展健康监测

开展古树名木"健康监测""专家会诊"等工作。针对古树名木、后备资源树木出现生长衰弱、有害生物危害等情况,及时组织专家团队、施工单位对古树名木抢救、复壮等。根据其生长状况、生态环境、胁迫因素等进行综合分析判断,展开科学论证、制定各种科学应对方案。

2.强化针对措施

遵循"一树一策、生态修复"原则,对每株古树名木、后备资源分别制订保护复壮技术方案,有效解决生态环境差、生长衰弱的紧迫问题,复壮和提高树木的生长势。技术措施要科学合理,具有较强的针对性和可操作性。

3.设置围栏保护

对树冠下的根系分布区易受踩踏、主干和枝条易受破坏的古树名木、后备资源树木应设置围栏进行保护。围栏与树干的距离一般不小于3米,特殊立地条件无法达到此要求的,以人摸不到树干、枝条为最低要求。围栏高度通常在80厘米以上,围栏的式样应与的周边环境相协调。

4.加强树体支撑

对树体明显倾斜、树冠大、枝叶密集、主干中空、大枝过长、易遭风折的古树名木,可采用支撑、拉纤等方法进行稳固。树冠上有断裂隐患的大分枝可利用螺纹杆、铁箍等进行固定,支撑、稳固设施与树体接触面加弹性垫层以保护树皮。施工工艺要符合力学要求,安全可靠,采用非活体支撑、稳固材料要经过防腐蚀保护处理。

5. 清理枝条及时

及时清理有安全隐患的枯死枝、断枝、劈裂枝,能体现古树自然风貌、景观、无安全隐患的枯枝应防腐处理后予以保留。适当疏枝,包括生长衰弱枝条、病虫枝、交叉枝、萌蘖枝,适当短截树冠外围过长枝。伤口应及时保护处理,选择具有防腐、防病虫、有助愈合组织形成的树体保护剂。对死亡或濒临死亡而无法抢救的古树进行主干截除,由根蘖枝进行更新,加强肥水管理,以促发新壮枝,重新形成茂盛的树冠。

6. 桥接促进恢复

对树势衰弱的古树,可采用桥接法使之恢复生机。在需桥接的古树周围均匀种植2-3株同种幼树,幼树生长旺盛后,将幼树枝条桥接在古树树干上,即将树干一定高度处皮部切开,将幼树枝削成楔形插入古树皮部,用塑料绳扎紧,愈合后,由于幼树根系的吸收作用强,在一定程度上改善了古树体内的水分和养分状况,对恢复古树的生长势有较好的效果。

7. 改善土壤环境

古树根系土壤密实板结,通气不良,可采取复壮沟土壤改良技术和土壤通气措施,改善土壤理化性质。可挖4~6条复壮沟,填充不同的配方基质和有机肥料。土壤干旱缺水,应及时进行根部缓流浇水,浇足浇透;当土壤积水,则要采取措施排涝。依据土壤肥力状况和古树名木生长需要,增施有机肥料;在生长季节进行中耕松土,改善土壤的结构及透气性。

8. 提高抗灾能力

定期检查树木的生长情况,进一步提高其抵御自然灾害的能力。在较高大的古树上安装避雷针,避免雷电击伤国。对树冠生长不均衡、树体中空腐朽、有偏冠、偏重现象的树木,在树干一定部位支撑三脚架进行保护,预防大风的危害,提高抗灾能力。

9. 防治有害生物

古树因树势衰弱,抗逆能力差,常易遭受病虫的侵害,一旦发现要及时防治。提倡使用以生物措施为主的可持续的病虫害管理方法,以保护、利用昆虫天敌为主要手段。部分害虫的成虫期采用灯光诱集、性信息素诱集等措施,降低害虫基数。选择杀菌剂如石硫合剂、喷施波尔多液进行预防和治理。

10. 补洞治伤恢复

衰老的古树加上人为的损伤,病菌的侵袭,使树体皮层或木质部腐朽腐烂,导致主干、枝干缺失,形成树洞或主干、枝干中空,造成主干、枝干轮廓缺失,造成大小不等的树洞,对

树木生长影响很大,在复壮时应进行防腐处理并根据情况进行填补。填补时先刮去腐烂的木质,用硫酸铜或硫黄粉消毒,然后在空洞内壁涂水柏油防腐剂,为了恢复和提高观赏价值,树腔封堵完成后,最外层可做仿真树皮处理。表面用1:2的水泥、黄沙加色粉面,按树木皮色、皮纹进行装饰。

七、银川市古树名木保护管理条例

《银川市古树名木保护管理条例》,于2007年5月16日银川市第十二届人民代表大会常务委员会第二十一次会议审议通过。2007年7月26日,宁夏回族自治区第九届人民代表大会常务委员会第二十九次会议批准。现由银川市人民代表大会常务委员会公布,自2007年9月1日起施行。

银川市人民代表大会常务委员会
2007年8月3日

银川市古树名木保护管理条例

第一条 为了加强古树名木的保护管理工作,根据《中华人民共和国森林法》、国务院《城市绿化条例》《宁夏回族自治区城市绿化管理条例》,结合本市实际,制定本条例。

第二条 本市行政区域内的古树名木的保护管理,适用本条例。

第三条 本条例所称的古树,是指树龄在一百年以上的树木。

本条例所称名木,是指珍贵、稀有的树木,具有历史价值、纪念意义和重要科研价值的树木。

第四条 银川市园林绿化(林业)行政管理部门是市古树名木保护管理的管理部门。

县(区、市)负责林业(园林绿化)行政管理部门,负责所管辖区域内古树名木的保护管理工作。并接受银川市园林绿化(林业)行政管理部门的指导和监督。

发展和改革、财政、建设、城管、交通、土地、规划、水利、农牧、矿产资源等行政管理部门,按照各自职责协同作好古树名木的保护管理工作。

第五条 古树名木由银川市人民政府公布。

古树名木管理部门应当对所管辖区域内古树名木进行调查登记、建立档案、设立标志、制定保护措施、划定保护范围、确定管护责任。

第六条 古树名木的管理部门应当加强对古树名木保护的科学研究,推广应用科学研究成果,普及保护知识,提高保护和管理水平。

第七条 古树名木管理部门应当对古树名木分株制定养护、管理方案,落实养护责任单位、责任人;对受到损害或者长势衰弱的古树名木提出抢救措施,并监督实施。

第八条 古树名木的保护管理工作,实行专业养护部门保护管理和单位、个人保护管理相结合的原则,按下列规定承担古树名木的养护责任:

(一)生长在城市园林绿化管理部门管理的公园、绿地、林地以及城市景观区、道路、街巷的古树名木,由城市园林绿化管理部门负责养护管理;

(二)散生在机关、部队、院校、社会团体、企事业单位,寺庙等管界内及私人庭院内的古树名木由所在单位和个人负责养护管理;

(三)生长在铁路、公路、河道、沟渠用地范围内的古树名木,由铁路、公路、河道、沟渠管理部门负责养护管理;

(四)生长在风景名胜区内的古树名木,由风景名胜区管理部门养护管理;

(五)生长在农村的古树名木,由乡镇人民政府、村民委员会、村民负责养护管理。

古树名木的养护单位或者个人变更的,应当到古树名木的管理部门办理养护责任转移手续。

第九条 古树名木的养护管理费用,由养护责任单位或责任人承担,可以折抵全民义务植树劳动量。

抢救、复壮古树名木所需的费用,由古树名木管理部门承担。

市、县(区、市)人民政府应当每年从城市维护管理经费、城市园林绿化专项资金中划出一定额度的资金用于古树名木的保护管理。

第十条 古树名木的养护单位或个人,应当按照技术规范养护管理,保障古树名木正常生长。

养护单位或个人发现古树名木受到损害或者长势衰弱的现象,应及时报告古树名木管理部门,由古树名木管理部门组织指导抢救、复壮。

古树名木死亡的,须经市古树名木管理部门确认,查明原因,明确责任并予以注销登记后,方可处理。

第十一条 任何单位和个人不得擅自砍伐、移植古树名木。

因特殊需要确需迁移古树名木的,应当经市古树名木管理部门审核,报银川市人民政府批准后,由市古树名木管理部门负责组织实施。移植所需费用由建设单位承担。

第十二条 禁止下列损坏古树名木的行为:

(一)在树上刻划、钉钉、缠绕绳索、搭设电线(缆)、悬挂广告牌;

(二)剥损树皮、折枝、攀树和擅自采摘果实(属个人的经果树木采摘果实除外);

(三)借树搭棚或将树体作为支撑物、固定物;

(四)在距树冠垂直投影5米范围内,兴建(搭建)建(构)筑物、堆放物料、挖坑取土,倾倒污水、废渣、垃圾、溶盐雪及其他有毒(害)物质,动用明火或者排放烟气、毒气等;

(五)其他损坏古树名木的行为。

第十三条 对影响和危害古树名木生长的生产、生活设施,古树名木管理部门应当责令有关单位或者个人限期采取措施,消除影响和危害。

第十四条 征用土地或新建、改建、扩建的建设工程影响古树名木生长的,建设单位应当事先提出避让和保护措施并报市古树名木管理部门备案。

第十五条 古树名木管理部门应当对管护古树名木有突出贡献的单位和个人给予表彰和奖励。具体办法由市人民政府制定。

第十六条 任何单位和个人都有保护古树名木及其附属设施的义务,对损伤、破坏古树名木的行为,有权劝阻、检举和控告。

第十七条 损坏古树名木标志和其他附属设施的,由古树名木管理部门责令其停止违法行为,并可处以五十元至二千元的罚款。

第十八条 违反本条例规定,不按技术规范养护管理或者发现古树名木受到损害或生长衰弱的现象,没有及时向古树名木管理部门报告的,由古树名木管理部门责令改正;造成古树名木损伤的,按每株五百元至二千元处以罚款;造成古树名木死亡的,每株处以二万元的罚款。

第十九条 违反本条例规定,擅自处理未经死亡确认的古树名木,由市古树名木管理部门按每株二万元处以罚款。

第二十条 违反本条例规定,擅自砍伐或迁移古树名木的,由古树名木管理部门责令其停止砍伐或迁移,并处以五千元以上三万元以下的罚款。

第二十一条 违反本条例第十二条第(一)(二)(三)(四)项规定之一,损坏古树名木

的,由古树名木管理部门责令改正,并处以罚款:

(一)对古树名木损坏较轻的,每株处以五十元至二千元的罚款;

(二)损伤古树名木枝干或者根系的,处以二千元至一万元的罚款;

(三)造成古树名木死亡的,处以五千元以上三万元以下的罚款。

第二十二条　违反本条例规定,未采取避让保护措施或不按避让保护措施施工的,古树名木管理部门有权责令停止施工。造成古树名木损害的,依照本条例有关规定处理。

第二十三条　违反本条例规定,损害古树名木的,应当向树木所有者赔偿损失。

古树名木损失的鉴定办法由市古树名木管理部门制定。

第二十四条　砍伐、毁坏古树名木,构成犯罪的,依法追究刑事责任。

第二十五条　古树名木主管部门因保护、整治措施不力,或者工作人员玩忽职守,滥用职权、徇私舞弊,致使古树名木死亡的,由上级主管部门或监察机关对该管理部门领导给予处分;构成犯罪的,依法追究刑事责任。

第二十六条　本市树龄在五十年以上一百年以下或者树型奇特、本市罕见的树木的保护管理参照本条例执行。

第二十七条　本条例自2007年9月1日起施行。

八、古树名木及重点保护树木名录

(一)银川市古树名录

(二)银川市古树群名录

(三)银川市名木名录

(四)银川市重点保护树木(后备资源)名录

（一）银川市古树名录（按树龄排序）

2023年5月

编号	树种或品种	种拉丁名	科	属	数量/株	树龄/年	栽植地点	坐标	管护单位	备注
		合计			27					
LW-G-1	灵武长枣	Ziziphus jujuba 'Lingwuchangzao'	鼠李科	枣属	1	361	灵武市东塔镇果园村一队	x:106.348002 y:38.089123	灵武市林业和草原局	俗称"灵武长枣王"原牌号WG05146
YCSZ-G-1	槐	Sophora japonica L.	豆科	槐属	1	243	银川市贺兰山滚钟口风景区	x:105.94096 y:38.605243	滚钟口风景区管理所	原牌号银川市001号
LW-G-2	榆树（白榆）	Ulmus pumila L.	榆科	榆属	1	217	灵武市马家滩镇杨圈湾村三队	x:106.676338 y:37.900912	灵武市林业和草原局	铭牌遗失
LW-G-3	桑	Morus alba L.	桑科	桑属	1	186	灵武市崇兴镇中北村十队马有才院内	x:106.317423 y:38.052121	马有才	原牌号LWG10847号
LW-G-4	榆树（白榆）	Ulmus pumila L.	榆科	榆属	1	158	灵武市马家滩镇大羊其村一道墙自然村	x:106.745025 y:37.881935	灵武市林业和草原局	原牌号LG16584号
XQ-G-1	银白杨	Populus alba L.	杨柳科	杨属	1	153	宁夏西塔博物馆	x:106.265959 y:38.462973	宁夏西塔博物馆	原牌号YG003
LW-G-5	白杜（丝绵木）	Euonymus maackii Rupr.	卫矛科	卫矛属	1	151	灵武市东塔镇果园村二队	x:106.348152 y:38.088512	灵武市林业和草原局	原牌号LWGO582
LW-G-6	榆树（白榆）	Ulmus pumila L.	榆科	榆属	1	137	灵武市马家滩镇杨圈湾村三队	x:106.669832 y:37.904141	灵武市林业和草原局	原牌号LG16587号
YCSZ-G-2	桑	Morus alba L.	桑科	桑属	1	133	银川市中山公园文化广场	x:106.154546 y:38.282878	银川市中山公园	原牌号095101C00001
BJT-G-1	榆树（白榆）	Ulmus pumila L.	榆科	榆属	1	133	宁夏灵武白芨滩国家级自然保护区白芨滩管理站	x:106.741621 y:38.094212	宁夏灵武白芨滩国家级自然保护区管理局	原牌号LG01527号
BJT-G-2	桑	Morus alba L.	桑科	桑属	1	133	宁夏灵武白芨滩国家级自然保护区白芨滩管理站	x:106.741635 y:38.094214	宁夏灵武白芨滩国家级自然保护区管理局	原牌号LG06592

编号	树种或品种	种拉丁名	科	属	数量/株	树龄/年	栽植地点	坐标	管护单位	备注
YN-G-1	刺槐	Robinia pseudoacacia L.	豆科	槐属	1	128	永宁县杨和镇纳家户村清真寺院内	x:106.237435 y:38.282618	永宁县林业和草原局	原牌号YNG009
YN-G-2	刺槐	Robinia pseudoacacia L.	豆科	槐属	1	128	永宁县杨和镇纳家户村清真寺院内	x:106.237427 y:38.282665	永宁县林业和草原局	原牌号YNG00010
LW-G-7	榆树（白榆）	Ulmus pumila L.	榆科	榆属	1	126	灵武市白土岗乡海子井清真寺院内	x:106.327824 y:37.798726	灵武市林业和草原局	原牌号LG16578号
LW-G-8	旱柳	Salix matsudana Koidz.	杨柳科	柳属	1	121	宁夏仁存渡护岸林场渡口站	x:106.228814 y:38.111025	宁夏仁存渡护岸林场渡口站	原牌号：LG01531
JF-G-1	旱柳	Salix matsudana Koidz.	杨柳科	柳属	1	121	金凤区凤北家园	x:106.174726 y:38.315317	金凤区林业和草原局	无牌
HLS-G-1	胡桃	Juglans regia L.	胡桃科	胡桃属	1	121	贺兰山国家级自然保护区椿树口	x:105.552924 y:38.334438	贺兰山国家级自然保护区管理局	无牌
LW-G-9	榆树（白榆）	Ulmus pumila L.	榆科	榆属	1	116	灵武市白土岗乡海子井野麦子塘村	x:106.332671 y:37.800215	灵武市林业和草原局	原牌号LG16581号
LW-G-10	榆树（白榆）	Ulmus pumila L.	榆科	榆属	1	116	灵武市马家滩镇马家滩村杨学江院内	x:106.785956 y:37.792034	杨学江	原牌号LG16582号
XQ-G-2	旱柳	Salix matsudana Koidz.	杨柳科	柳属	1	107	兴庆区典农公园	x:106.350730 y:38.405125	典农公园管理站	挂牌、无编号
LW-G-11	胡桃	Juglans regia L.	胡桃科	胡桃属	1	107	灵武市东塔镇果园村二队	x:106.348128 y:38.087932	灵武市林业和草原局	原牌号LG05818号
LW-G-12	胡桃	Juglans regia L.	胡桃科	胡桃属	1	107	灵武市东塔镇果园村二队	x:106.348215 y:38.087824	灵武市林业和草原局	原牌号LG05819号
XQ-G-3	旱柳	Salix matsudana Koidz.	杨柳科	柳属	1	106	兴庆区大新镇燕鸽村	x:106.351100 y:38.458403	兴庆区林业和草原局	原牌号001
XQ-G-4	桑	Morus alba L.	桑科	桑属	1	101	兴庆区大新镇燕鸽村	x:106.343049 y:38.460172	兴庆区林业和草原局	未挂牌
JF-G-1	旱柳	Salix matsudana Koidz.	杨柳科	柳属	1	101	金凤区丰登镇新丰村四队	x:106.273609 y:38.551021	金凤区林业和草原局	未挂牌
YN-G-1	刺槐	Robinia pseudoacacia L.	豆科	槐属	1	101	永宁县李俊镇雷祖庙院内	x:106.198523 y:38.147907	永宁县林业和草原局	原牌号YNG0008号
LW-G-13	杏	Armeniaca vulgaris Lam.	豆科	槐属	1	101	灵武市东塔镇果园村4队	x:106.350128 y:38.075314	灵武市林业和草原局	铭牌遗失

（二）银川市古树群名录（按群株数排序）

2023年5月

编号	树种	种拉丁名	科	属	数量/株	树龄/年	栽植地点	坐标	管护单位	备注
		合计			10 468					
LW-GQ-1	枣	Ziziphus jujuba Mill	鼠李科	枣属	5 705	100年以上	灵武市东塔镇果园村的秦渠两侧和原居民住宅区周边	x:106.349725 y:38.079723	灵武市林业和草原局	原牌号LWG06380号等
LW-GQ-2	枣	Ziziphus jujuba Mill	鼠李科	枣属	2 582	平均113年	灵武市世界枣树博览园	x:106.335624 y:38.099035	灵武市林业和草原局	原牌号LWG02339号等
LW-GQ-3	枣	Ziziphus jujuba Mill	鼠李科	枣属	2 135	100年以上	灵武市东塔镇黎民村的秦渠两侧和原居民住宅区周边、灵武园艺试验场老园子	x:106.349946 y:38.073024	灵武市林业和草原局	原牌号LWG04757号等
BJT-GQ-1	榆树（白榆）	Ulmus pumila L.	榆科	榆属	12	133年	宁夏灵武白芨滩国家级自然保护区白芨滩管理站东湾护林点	x:106.746625 y:38.094810	宁夏灵武白芨滩国家级自然保护区管理局	原牌号LWG01527
LW-GQ-4	梨	Pyrus L	蔷薇科	梨属	10	113年	灵武市东塔镇果园村果园4队	x:106.350325 y:38.075346	灵武市林业和草原局	原牌号LWG07797号
HL-GQ-1	桑	Morus alba L.	桑科	桑属	6	平均112年	贺兰县金贵镇雄英村6队刘某某家	x:106.409032 y:38.531078	刘学军	挂牌、无号
LW-GQ-5	梨	Pyrus L	蔷薇科	梨属	5	100年以上	灵武市枣博园南区（一期）西北	x:106.334326 y:38.0970	灵武市林业和草原局	无挂牌
BJT-GQ-2	桑	Morus alba L.	桑科	桑属	4	120	宁夏灵武白芨滩国家级自然保护区长流水管理站景区桑杏园	x:106.464347 y:37.851426	宁夏灵武白芨滩国家级自然保护区长流水管理站	原牌号LG06592
HL-GQ-2	刺槐	Robinia pseudoacacia L.	豆科	槐属	3	平均126年	贺兰县如意湖北岸	x106.356534 y:38.576382	贺兰县林业和草原局	无挂牌
YN-GQ-1	刺槐	Robinia pseudoacacia L.	豆科	刺槐属	3	100年以上	永宁县望洪镇原望洪中学院内	x:106.228565 y:38.200128	永宁县林业和草原局	原牌号：YNG0005-7
YN-GQ-2	银白杨	Populus alba L.	杨柳科	杨属	3	330	永宁县李俊镇郭家湾子村关帝庙	x:106.160385 y:38.200564	永宁县林业和草原局	原牌号YNG0001-4

(三) 银川市名木名录(按栽植时间排序)

2023年5月

编号	树种或品种	种拉丁名	科	属	数量/株	树龄/年	栽植地点	坐标	管护单位	备注
		合计			12					
YCSZ-M-1	圆柏	Sabina chinensis (L.) Ant.	柏科	圆柏属	1	87	银川市中山公园动物园	x:106.154229 y:38.283851	银川市中山公园	1936年5月,宁夏地区第一株引种成活的圆柏,俗称宁夏第一柏
YCSZ-M-2	龙爪槐	Sophora japonica 'Pendula'	豆科	槐属	1	71	银川市中山公园中心会场	x:106.154895 y:38.283756	银川市中山公园	1952年春,宁夏第一株嫁接的风景树
YCSZ-M-3	圆柏	Sabina chinensis (L.) Ant.	柏科	圆柏属	1	60	银川市海宝公园寺院	x:106.275887 y:38.491558	银川市海宝公园	1963年10月25日,董必武副主席参加宁夏回族自治区五周年庆典时栽植纪念树
YCSZ-M-4	圆柏	Sabina chinensis (L.) Ant.	柏科	圆柏属	1	40	银川市中山公园西门南侧	x:106.155094 y:38.283119	银川市中山公园	1983年10月,时任党中央领导乔石视察宁夏时栽植的纪念树
YCSZ-M-5	青海云杉	Picea crassifolia Kom.	松科	云杉属	1	37	银川市中山公园文化广场	x:106.154575 y:38.282773	银川市中山公园	1986年7月1日,南斯拉夫穆斯塔法纳兹米栽植纪念树
YCSZ-M-6	圆柏	Sabina chinensis (L.) Ant.	柏科	圆柏属	1	34	银川市宁园	x:106.278210 y:38.464248	银川市宁园	1989年9月25日,苏维埃联邦吉尔吉斯加盟共和国伏龙芝市政府代表团栽植友谊树
YCSZ-M-7	圆柏	Sabina chinensis (L.) Ant.	柏科	圆柏属	1	31	银川市中山公园文化广场	x:106.154489 y:38.282783	银川市中山公园	1992年10月8日,日本岛根县友好访问团种植的纪念树
YCSZ-M-8	槐抱榆	Robinia pseudoacacia L.	豆科	刺槐属	1	23	银川市中山公园动物园门口	x:106.262101 y:38.477027	银川市中山公园	2000年春,榆树短种子落在一株刺槐上,形成了槐抱榆景观

编号	树种或品种	种拉丁名	科	属	数量/株	树龄/年	栽植地点	坐标	管护单位	备注
BJT-M-1	樟子松	*Pinus sylvestris* Linn. var. *mongolica* Litv.	松科	松属	1	17	宁夏灵武白芨滩国家级自然保护区沙漠公园南面林地路边	x：106.425630 y：37.921685	宁夏灵武白芨滩国家级自然保护区管理局	2006年6月16日，曾庆红副主席手植樟子松
BJT-M-2	北沙柳	*Salix psammophila* C. Wang et Ch.Y. Yang	杨柳科	柳属	1	16	宁夏灵武白芨滩国家级自然保护区宸和园	x：106.446894 y：37.958131	宁夏灵武白芨滩国家级自然保护区管理局	2007年4月13日，胡锦涛总书记手植北沙柳
BJT-M-3	沙拐枣	*Calligonum mongolicum* Turcz.	蓼科	沙拐枣属	1	16	宁夏灵武白芨滩国家级自然保护区宸和园	x：106.446898 y：37.958135	宁夏灵武白芨滩国家级自然保护区管理局	2007年4月13日，胡锦涛总书记手植沙拐枣
BJT-M-4	灵武长枣	*Zizyphus jujuba* 'Lingwuchangzao'	鼠李科	枣属	1	15	宁夏灵武白芨滩国家级自然保护区宸喜园	x：106.432893 y：37.946063	宁夏灵武白芨滩国家级自然保护区管理局	2008年4月7日，时任习近平副主席手植灵武长枣

（四）银川市重点保护树木（后备资源）名录

2023年5月

编号	树种	种拉丁名	科	属	数量/株	树龄/年	栽植地点	坐标	管护单位	备注
		合计			7 856					
		银川市直			409					
		中山公园小计			248					
YCSZ-Z-1	榆树（白榆）	Ulmus pumila L.	榆科	榆属	3	94	动物园散放园南侧林地南	x：106.154072 y：38.284099	银川市中山公园	
YCSZ-Z-2	刺槐	Robinia pseudoacacia L.	豆科	刺槐属	3	94	动物园大门外南侧、大门内北侧及岳飞亭北侧	x：106.154397 y：38.283734	银川市中山公园	
YCSZ-Z-3	槐	Sophora japonica L.	豆科	槐属	8	94	中山公园动物园	x：106.154184 y：38.283688	银川市中山公园	
YCSZ-Z-4	桑	Morus alba L.	桑科	桑属	39	93	中山公园动物园及岳飞亭周边	x：106.153895 y：38.283895	银川市中山公园	
YCSZ-Z-5	刺槐	Robinia pseudoacacia L.	豆科	刺槐属	4	90	中山公园动物园	x：106.153887 y：38.284022	银川市中山公园	
YCSZ-Z-6	槐	Sophora japonica L.	豆科	槐属	6	90	中山公园文昌阁周边	x：106.154953 y：38.283168	银川市中山公园	
YCSZ-Z-7	槐	Sophora japonica L.	豆科	槐属	4	87	中山公园动物园垃圾中转站门口南	x：106.153819 y：38.284173	银川市中山公园	
YCSZ-Z-8	梓	Catalpa ovata G. Don.	紫葳科	梓树属	3	83	动物园门口宁夏第一柏南北侧	x：106.154205 y：38.283862	银川市中山公园	
YCSZ-Z-9	刺槐	Robinia pseudoacacia L.	豆科	刺槐属	7	83	动物园南墙外东侧	x：106.153886 y：38.283493	银川市中山公园	
YCSZ-Z-10	华桑	Morus cathayana Hemsl.	桑科	桑属	4	83	动物园南门内	x：106.153842 y：38.283934	银川市中山公园	
YCSZ-Z-11	樱桃	Cerasus pseudocerasus (Lindl.) G. Don	蔷薇科	樱属	1	83	中山公园梦花路南侧	x：106.153695 y：38.282941	银川市中山公园	
YCSZ-Z-12	沙枣	Elaeagnus angustifolia L.	胡颓子科	胡颓子属	1	82	中山公园南门喷泉西南角	x：106.155304 y：38.282219	银川市中山公园	
YCSZ-Z-13	复叶槭	Acer negundo L.	槭树科	槭树属	1	82	监察队东	x：106.2600491 y：38.4763302	银川市中山公园	

编号	树种	种拉丁名	科	属	数量/株	树龄/年	栽植地点	坐标	管护单位	备注
YCSZ-Z-14	刺槐	Robinia pseudoacacia L.	豆科	刺槐属	1	82	中山公园小南门公厕门口	x:106.153816 y:38.282360	银川市中山公园	
YCSZ-Z-15	沙枣	Elaeagnus angustifolia L.	胡颓子科	胡颓子属	1	80	文昌阁东北侧银湖路边	x:106.2663950 y:38.4757841	银川市中山公园	
YCSZ-Z-16	灵宝枣	Zizyphus jujuba cv. 'Lingbao'	鼠李科	枣属	1	80	中山公小南门门口	x:106.153915 y:38.282239	银川市中山公园	
YCSZ-Z-17	青海云杉	Picea crassifolia Kom.	松科	云杉属	1	80	芍药园舞厅南文昌路北	x:106.2628798 y:38.4770851	银川市中山公园	
YCSZ-Z-18	油松	Pinus tabuliformis Carr.	松科	松属	9	70	油松林、文沁园广场	x:106.2641133 y:38.4764975	银川市中山公园	
YCSZ-Z-19	李	Prunus salicina Lindl.	李亚科	李属	1	69	中山公园朔方亭北侧	x:106.153754 y:38.282630	银川市中山公园	
YCSZ-Z-20	刺槐	Robinia pseudoacacia L.	豆科	刺槐属	3	69	文昌阁及秋思路周边	x:106.2653156 y:38.4756348	银川市中山公园	
YCSZ-Z-21	美国红梣（洋白蜡）	Fraxinus pennsylvanica Marsh.	木犀科	梣属	4	69	宪法广场周边	x:106.2640033 y:38.4768752	银川市中山公园	
YCSZ-Z-22	青海云杉	Picea crassifolia Kom.	松科	云杉属	4	69	朔方亭、梦花路、天香园周边	x:106.2602174 y:38.4732940	银川市中山公园	
YCSZ-Z-23	槐	Sophora japonica L.	豆科	槐属	1	69	朔方亭北	x:106.153819 y:38.284173f	银川市中山公园	
YCSZ-Z-24	侧柏	Platycladus orientalis (L.) Franco	柏科	侧柏属	1	65	朔方亭东	x:106.2601057 y:38.4736651	银川市中山公园	
YCSZ-Z-25	沙枣	Elaeagnus angustifolia L.	胡颓子科	胡颓子属	1	64	原照相馆西	x:106.2654325 y:38.4752780	银川市中山公园	
YCSZ-Z-26	圆柏	Sabina chinensis (L.) Ant.	柏科	圆柏属	6	64	文化广场及天河路周边	x:106.2625058 y:38.4755538	银川市中山公园	
YCSZ-Z-27	皂荚	Gleditsia sinensis Lam.	豆科	皂荚属	2	64	梦花路南天香园南门口	x:106.2606310 y:38.4747098	银川市中山公园	
YCSZ-Z-28	龙爪槐	Sophora japonica 'Pendula'.	豆科	槐属	2	64	芍药园雕塑广场周边	x:106.2629082 y:38.4765466	银川市中山公园	
YCSZ-Z-29	青海云杉	Picea crassifolia Kom.	松科	云杉属	2	64	舞厅、芍药园广场周边	x:106.2629438 y:38.4769246	银川市中山公园	
YCSZ-Z-30	丝绵木	Euonymus maackii Rupr.	卫矛科	卫矛属	8	59	舞厅南的芍药园、天香园周边	x:106.2641426 y:38.4760989	银川市中山公园	

编号	树种	种拉丁名	科	属	数量/株	树龄/年	栽植地点	坐标	管护单位	备注
YCSZ-Z-31	圆柏	Sabina chinensis (L.) Ant.	柏科	圆柏属	40	59	油松林、办公楼、文化广场、宪法广场、文昌阁等周边	x:106.2645779 y:38.4761445	银川市中山公园	
YCSZ-Z-32	毛梾木	Swida walteri (Wanger.) Sojak	山茱萸科	梾木属	2	59	芍药园舞厅东、朔方亭东	x:106.2638147 y:38.4770824	银川市中山公园	
YCSZ-Z-33	龙桑	Morus alba 'Tortuosa'	桑科	桑属	2	59	芍药园	x:106.2626203 y:38.4766666	银川市中山公园	
YCSZ-Z-34	美国红梣（洋白蜡）	Fraxinus pennsylvanica Marsh.	木犀科	梣属	1	59	芍药园北侧	x:106.2640033 y:38.4768752	银川市中山公园	
YCSZ-Z-35	垂柳	Salix babylonica L.	杨柳科	柳属	3	58	办公楼及烈士亭湖边	x:106.2666280 y:38.4755840	银川市中山公园	
YCSZ-Z-36	沙枣	Elaeagnus angustifolia L.	胡颓子科	胡颓子属	2	56	文昌阁东北侧银湖路边	x:106.2663527 y:38.4756694	银川市中山公园	
YCSZ-Z-37	毛白杨	Populus tomentosa Carr.	杨柳科	杨属	10	56	白蜡林照相馆南、银湖路、南大门周边	x:106.2653212 y:38.24749919	银川市中山公园	
YCSZ-Z-38	桧柏	Sabina chinensis (L.) Ant.	柏科	圆柏属	5	55	芍药园、南大门周边	x:106.2626580 y:38.4770979	银川市中山公园	
YCSZ-Z-39	美国红梣（洋白蜡）	Fraxinus pennsylvanica Marsh.	木犀科	梣属	2	55	雷锋像广场	x:106.2614629 y:38.4751388	银川市中山公园	
YCSZ-Z-40	毛白杨	Populus tomentosa Carr.	杨柳科	杨属	2	54	文昌阁周边	x:106.2649963 y:38.4764265	银川市中山公园	
YCSZ-Z-41	臭椿	Ailanthus altissima (Mill.) Swingle	苦木科	臭椿属	4	53	舞厅南	x:106.2638147 y:38.4770824	银川市中山公园	
YCSZ-Z-42	新疆杨	Populus alba var. pyramidalis Bge.	杨柳科	杨属	10	55	文昌阁、文沁园周边	x:106.2653350 y:38.4763859	银川市中山公园	
YCSZ-Z-43	毛白杨	Populus tomentosa Carr.	杨柳科	杨属	20	53	文昌阁及长天路周边	x:106.2648302 y:38.4767282	银川市中山公园	
YCSZ-Z-44	新疆杨	Populus alba var. pyramidalis Bge.	杨柳科	杨属	10	53	长天路周边	x:106.2659817 y:38.4766705	银川市中山公园	
YCSZ-Z-45	杏	Armeniaca vulgaris Lam.	蔷薇科	杏属	1	52	梦花路南侧	x:106.2594921 y:38.4744190	银川市中山公园	
YCSZ-Z-46	旱柳	Salix matsudana Koidz.	杨柳科	柳属	2	52	中心广场东侧	x:106.2633213 y:38.4761169	银川市中山公园	

编号	树种	种拉丁名	科	属	数量/株	树龄/年	栽植地点	坐标	管护单位	备注
		海宝公园8株　唐徕公园31株			39					
YCSZ-Z-61	油松	Pinus tabuliformis Carr.	松科	松属	1	51	海宝公园	x:106.279159 y:38.489723	海宝公园	
YCSZ-Z-64	小叶杨	Populus simonii Carr.	杨柳科	杨属	1	60	海宝公园	x:106.274149 y:38.492700	海宝公园	
YCSZ-Z-62	刺槐	Robinia pseudoacacia L.	豆科	槐属	3	60	海宝公园	x:106.274659 y:38.493623	海宝公园	
YCSZ-Z-63	龙桑	Morus alba L. 'Tortuosa'	桑科	桑属	1	60	海宝公园	x:106.274635 y:38.493615	海宝公园	
YCSZ-Z-65	槐	Sophora japonica L.	豆科	槐属	1	60	海宝公园	x:106.274149 y:38.492700	海宝公园	
YCSZ-Z-66	美国红梣（洋白蜡）	Fraxinus pennsylvanica Marsh	木犀科	梣属	1	60	海宝公园	x:106.274149 y:38.492700	海宝公园	
YCSZ-Z-67	沙枣	Elaeagnus angustifolia L.	胡颓子科	胡颓子属	31	63	唐徕公园	x:106.264884 y:38.430173	唐徕公园	
		宁园			26					
YCSZ-Z-70	美国红梣（洋白蜡）	Fraxinus pennsylvanica Marsh.	木犀科	梣属	7	53	宁园北部	x:106.279014 y:38.463926	宁园	
YCSZ-Z-68	白杜（丝绵木）	Euonymus maackii Rupr.	卫矛科	卫矛属	4	53	宁园东部	x:106.277298 y:38.464449	宁园	
YCSZ-Z-69	刺槐	Robinia pseudoacacia L.	豆科	槐属	6	53	宁园西部	x:106.279025 y:38.463926	宁园	
YCSZ-Z-71	槐	Sophora japonica L.	豆科	槐属	8	53	宁园中部	x:106.279025 y:38.463926	宁园	
YCSZ-Z-72	胡桃	Juglans regia L.	胡桃科	胡桃属	1	53	宁园东部	x:106.277298 y:38.464449	宁园	

编号	树种	种拉丁名	科	属	数量/株	树龄/年	栽植地点	坐标	管护单位	备注
		滚钟口风景区			65					
YCSZ-Z-50	圆柏	Sabina chinensis (L.) Ant.	柏科	圆柏属	2	59	滚钟口风景区	x：105.932236 y：38.608114	滚钟口风景区管理所	
YCSZ-Z-51	油松	Pinus tabuliformis Carr.	松科	松属	2	60、56	滚钟口风景区	x：105.931292 y：38.608715	滚钟口风景区管理所	
YCSZ-Z-52	青海云杉	Picea crassifolia Kom.	松科	云杉属	2	61	滚钟口风景区	x：105.932962 y：38.606347	滚钟口风景区管理所	
YCSZ-Z-53	银杏	Ginkgo biloba L.	银杏科	银杏属	4	57	滚钟口风景区	x：105.934392 y：38.606553	滚钟口风景区管理所	
YCSZ-Z-54	箭杆杨	Populus nigra L. var. thevestina (Dode) Bean	杨柳科	杨属	26	68	滚钟口风景区	x：105.932341 y：38.605391	滚钟口风景区管理所	
YCSZ-Z-55	旱柳	Salix matsudana Koidz.	杨柳科	柳属	1	78	滚钟口风景区	x：105.93222 y：38.608002	滚钟口风景区管理所	
YCSZ-Z-56	白榆	Ulmus pumila L.	榆科	榆属	7	57	滚钟口风景区	x：105.933909 y：38.606316	滚钟口风景区管理所	
YCSZ-Z-57	龙爪槐	Sophora japonica 'Pendula'	豆科	槐属	2	56	滚钟口风景区	x：105.935138 y：38.606269	滚钟口风景区管理所	
YCSZ-Z-58	刺槐	Robinia pseudoacacia L.	豆科	槐属	14	63	滚钟口风景区	x：105.932344 y：38.607781	滚钟口风景区管理所	
YCSZ-Z-59	白皮松	Pinus bungeana Zucc.ex Endl.	松科	松属	2	68	滚钟口风景区慈云别墅后台地	x：105.932341 y：38.605010	滚钟口风景区管理所	
YCSZ-Z-60	梓	Catalpa ovata G. Don.	紫葳科	梓属	3	78	滚钟口风景区	x：105.934229 y：38.606387	滚钟口风景区管理所	
		岩画古村			31					
YCSZ-Z-73	小叶杨	Populus simonii Carr.	杨柳科	杨属	5	53	岩画古村	x：106.021416 y：38.734128	岩画管理处	
YCSZ-Z-74	胡桃	Juglans regia L.	胡桃科	胡桃属	2	53	岩画古村	x：106.020928 y：38.733824	岩画管理处	
YCSZ-Z-75	小叶朴	Celtis bungeana Bl.	榆科	朴属	1	53	岩画古村	x：106.021237 y：38.733239	岩画管理处	
YCSZ-Z-76	桑	Morus alba L.	桑科	桑属	8	53	岩画古村	x：106.019727 y：38.733088	岩画管理处	1号桑树龄95年
YCSZ-Z-77	枣	Ziziphus jujuba Mill.	鼠李科	枣属	15	53	岩画古村	x：106.020698 y：38.733603	岩画管理处	

编号	树种	种拉丁名	科	属	数量/株	树龄/年	栽植地点	坐标	管护单位	备注
		兴庆区小计			68					
XQ-Z-1	刺槐	*Robinia pseudoacacia* L.	豆科	槐属	4	68	宁夏西塔博物馆	x:106.265845 y:38.462840	宁夏西塔博物馆	
XQ-Z-2	刺槐	*Robinia pseudoacacia* L.	豆科	槐属	1	53	宁北街沙湖宾馆西门风味小吃店门口	x:106.267635 y:38.468728	兴庆区林业和草原局	
XQ-Z-3	槐	*Sophora japonica* L.	豆科	槐属	1	53	西桥南巷	x:106.254456 y:38.467751	兴庆区林业和草原局	
XQ-Z-4	槐	*Sophora japonica* L.	豆科	槐属	1	52	富宁街	x:106.258454 y:38.464265	兴庆区林业和草原局	
XQ-Z-5	槐	*Sophora japonica* L.	豆科	槐属	1	50	宗睦巷	x:106.25936 y:38.467955	兴庆区林业和草原局	
XQ-Z-6	美国红梣（洋白蜡）	*Fraxinus pennsylvanica* Marsh.	木犀科	梣属	7	53	宗睦巷	x:106.279014 y:38.463926	兴庆区林业和草原局	
XQ-Z-7	槐	*Sophora japonica* L.	豆科	槐属	1	61	中心巷	x:106.272239 y:38.460558	兴庆区林业和草原局	
XQ-Z-8	臭椿	*Ailanthus altissima* (Mill.) Swingle	苦木科	臭椿属	1	50	展览馆住宅小区	x:106.276688 y:38.461578	兴庆区林业和草原局	
XQ-Z-9	槐	*Sophora japonica* L.	豆科	槐属	4	53	中山南街	x:106.282534 y:38.464948	兴庆区林业和草原局	
XQ-Z-10	刺槐	*Robinia pseudoacacia* L.	豆科	槐属	8	53	玉皇阁西侧	x:106.282295 y:38.463911	兴庆区林业和草原局	
XQ-Z-11	槐	*Sophora japonica* L.	豆科	槐属	14	53	解放东街	x:106.282277 y:38.462081	兴庆区林业和草原局	
XQ-Z-12	刺槐	*Robinia pseudoacacia* L.	豆科	槐属	21	53	解放东街	x:106.279003 y:38.464304	兴庆区林业和草原局	
XQ-Z-13	槐	*Sophora japonica* L.	豆科	槐属	1	66	老市委院内	x:106.282277 y:38.462081	兴庆区林业和草原局	
XQ-Z-14	刺槐	*Robinia pseudoacacia* L.	豆科	槐属	2	53	老市委院内	x:106.282631 y:38.462041	兴庆区林业和草原局	
XQ-Z-15	毛白杨	*Populus tomentosa* Carr.	杨柳科	杨属	1	51	领东悦邸小区	x:106.299543 y:38.446627	兴庆区林业和草原局	

编号	树种	种拉丁名	科	属	数量/株	树龄/年	栽植地点	坐标	管护单位	备注
		金凤区小计			34					
JF-Z-1	小叶杨	*Populus simonii* Carr.	杨柳科	杨属	1	58	新火车站广场	x:106.171283 y:38.493474	金凤区林业和草原局	
JF-Z-2	旱柳	*Salix matsudana* Koidz.	杨柳科	柳属	1	58	新火车站广场	x:106.171111 y:38.493016	金凤区林业和草原局	
JF-Z-3	白榆	*Ulmus pumila* L.	榆科	榆属	2	52	新华联南门	x:106.174613 y:38.485009	金凤区林业和草原局	
JF-Z-4	白榆	*Ulmus pumila* L.	榆科	榆属	1	53	区气象局前小公园	x:106.213248 y:38.477708	金凤区林业和草原局	
JF-Z-5	杏	*Armeniaca vulgaris* Lam.	蔷薇科	杏属	1	51	区气象局前小公园	x:106.213756 y:38.478915	金凤区林业和草原局	
JF-Z-6	垂柳	*Salix babylonica* L.	杨柳科	柳属	1	53	区气象局前小公园	x:106.214340 y:38.479348	金凤区林业和草原局	
JF-Z-7	悬铃木	*Platanus acerifolia* (Aiton) Willdenow	悬铃木	悬铃木	1	54	上海西路供电局仓库院内	x:106.104691 y:38.293201	金凤区林业和草原局	
JF-Z-8	刺槐	*Robinia pseudoacacia* L.	豆科	刺槐属	2	64	良田渠东侧	x:106.102605 y:38.281004	金凤区林业和草原局	
JF-Z-9	新疆杨	*Populus alba* L. var. *pyramidalis* Bunge	杨柳科	杨属	8	61	良田渠西侧	x:106.102483 y:38.281250	金凤区林业和草原局	
JF-Z-10	美国红梣（洋白蜡）	*Fraxinus pennsylvanica* Marsh.	木犀科	梣属	1	63	供电局家属院内	x:106.104134 y:38.291126	金凤区林业和草原局	
JF-Z-11	毛白杨	*Populus tomentosa* Carr.	杨柳科	杨属	2	60	供电局家属院内	x:106.104398 y:38.298793	金凤区林业和草原局	
JF-Z-12	新疆杨	*Populus alba* L. var. *pyramidalis* Bunge	杨柳科	杨属	6	53	供电局家属院内	x:106.104357 y:38.291082	金凤区林业和草原局	
JF-Z-13	毛白杨	*Populus tomentosa* Carr	杨柳科	杨属	3	53	满城路满春园东北角	x:106.103915 y:38.292383	金凤区林业和草原局	
JF-Z-14	刺槐	*Robinia pseudoacacia* L.	豆科	刺槐属	1	53	通达北街新华联东门	x:106.103780 y:38.291791	金凤区林业和草原局	
JF-Z-15	刺槐	*Robinia pseudoacacia* L.	豆科	刺槐属	2	53	福州北街与上海路路口西南角	x:106.185171 y:38.489563	金凤区林业和草原局	
JF-Z-16	美国红梣（洋白蜡）	*Fraxinus pennsylvanica* Marsh.	木犀科	梣属	1	63	湖畔嘉苑中房幸福里门口	x:106.202018 y:38.470831	金凤区林业和草原局	

编号	树种	种拉丁名	科	属	数量/株	树龄/年	栽植地点	坐标	管护单位	备注
		西夏区小计			296					
XX-Z-1	刺槐	Robinia pseudoacacia L.	豆科	槐属	2	52	朔方路风华小区北门	x:106.126016 y:38.495891	西夏区林业和草原局	
XX-Z-2	圆柏	Sabina chinensis (L.) Ant.	柏科	圆柏属	1	53	老火车站广场	x:106.169102 y:38.491582	西夏区林业和草原局	
XX-Z-3	槐	Sophora japonica L.	豆科	槐属	2	52	老火车站广场	x:106.169862 y:38.491436	西夏区林业和草原局	
XX-Z-4	小叶杨	Populus simonii Carr.	杨柳科	杨属	5	51	北京西路铁路西小公园	x:106.165509 y:38.484357	西夏区林业和草原局	
XX-Z-5	圆柏	Sabina chinensis (L.) Ant.	柏科	圆柏属	1	53	贺兰山宾馆院内	x:106.12886 y:38.497564	西夏区林业和草原局	
XX-Z-6	青海云杉	Picea crassifolia Kom.	松科	云杉属	2	53	贺兰山宾馆院内	x:106.128746 y:38.49755	西夏区林业和草原局	
XX-Z-7	白榆	Ulmus pumila L.	榆科	榆属	1	53	贺兰山宾馆院内	x:106.12847 y:38.497222	西夏区林业和草原局	
XX-Z-8	刺槐	Robinia pseudoacacia L.	豆科	槐属	2	53	贺兰山宾馆院内	x:106.129045 y:38.496508	西夏区林业和草原局	
XX-Z-9	美国红梣（洋白蜡）	Fraxinus pennsylvanica Marsh.	木犀科	梣属	2	53	贺兰山宾馆院内	x:106.128538 y:38.497684	西夏区林业和草原局	
XX-Z-10	雪松	Cedrus deodara (Roxb.) G.Don	松科	雪松属	1	53	志辉源石酒庄	x:106.032312 y:38.5729058	西夏区林业和草原局	
XX-Z-11	旱柳	Salix matsudana Koidz.	杨柳科	柳属	102	91	志辉源石酒庄	x:106.028335 y:38.573456	西夏区林业和草原局	
XX-Z-12	白榆	Ulmus pumila L.	榆科	榆属	2	70	志辉源石酒庄	x:106.03317261 y:38.57263739	西夏区林业和草原局	
XX-Z-13	槐	Sophora japonica L.	豆科	槐属	1	70	志辉源石酒庄	x:106.03242964 y:38.57383057	西夏区林业和草原局	

编号	树种	种拉丁名	科	属	数量/株	树龄/年	栽植地点	坐标	管护单位	备注
XX-Z-14	刺槐	Robinia pseudoacacia L.	豆科	槐属	1	65	志辉源石酒庄	x:106.03154987 y:38.57506777	西夏区林业和草原局	
JF-Z-15	毛泡桐	Paulownia tomentosa (Thunb.) Steud	玄参科	泡桐属	2	58	宁夏大学文萃校区	x:106.704430 y:38.336061	金凤区林业和草原局	
XX-Z-16	茶条槭	Acer ginnala Maxim.	槭树科	槭属	1	75	志辉源石酒庄	x:106.03228748 y:38.574032	西夏区林业和草原局	
XX-Z-17	细裂槭	Acer pilosum var. stenolobum (Rehder) W. P. Fang	槭树科	槭属	1	80	志辉源石酒庄	x:106.03228748 y:38.57399833	西夏区林业和草原局	
XX-Z-18	沙枣	Elaeagnus angustifolia L.	胡颓子科	胡颓子属	1	51	志辉源石酒庄	x:106.033785 y:38.572821	西夏区林业和草原局	
XX-Z-19	美国红梣（洋白蜡）	Fraxinus pennsylvanica Marsh.	木犀科	梣属	1	65	志辉源石酒庄	x:106.0336259 y:38.57248326	西夏区林业和草原局	
XX-Z-20	旱柳	Salix matsudana Koidz.	杨柳科	柳属	100	91	贺兰山休闲运动公园	x:106.024852 y:38.574326	西夏区林业和草原局	
XX-Z-21	槐	Sophora japonica L.	豆科	槐属	3	76	贺兰山休闲运动公园	x:106.024438 y:38.574518	西夏区林业和草原局	
XX-Z-22	楸	Sorbus pohuashanensis (Hance) Hedl.	紫葳科	梓属	25	51	贺兰山休闲运动公园	x:106.021925 y:38.574536	西夏区林业和草原局	
XX-Z-23	细裂槭	Acer pilosum var. stenolobum (Rehder) W. P. Fang	槭树科	槭属	1	86	贺兰山休闲运动公园	x:106.022148 y:38.574825	西夏区林业和草原局	
XX-Z-24	柽柳	Tamarix chinensis Lour.	柽柳科	柽柳属	10	51	西夏区休闲运动公园	x:106.022435 y:38.574245	西夏区林业和草原局	
XX-Z-25	银新杨	Populus alba × P. alba L. var. pyramidalis Bge.	杨柳科	杨属	14	53	宁夏农垦枸杞研究院有限公司	x:106.202831 y:38.661705	西夏区林业和草原局	
XX-Z-26	桧柏	Sabina chinensis (L.) Ant.	柏科	圆柏属	12	58	宁夏农垦枸杞研究院有限公司	x:106.203521 y:38.661815	西夏区林业和草原局	

编号	树种	种拉丁名	科	属	数量/株	树龄/年	栽植地点	坐标	管护单位	备注
	贺兰县小计				152					
HL-Z-1	樟子松	*Pinus sylvestris* var. *mongolica* Litv.	松科	松属	10	51	贺兰县金山林场场部院内	x:106.137328 y:38.720371	贺兰县金山林场	
HL-Z-2	银白杨	*Populus alba* L.	杨柳科	杨属	2	51	贺兰县金山林场场部院内	x:106.137136 y:38.718524	贺兰县金山林场	
HL-Z-3	新疆杨	*Populus alba* var. *pyramidalis* Bge.	杨柳科	杨属	10	51	贺兰县金山林场场部院内	x:106.138845 y:38.720523	贺兰县金山林场	
HL-Z-4	小叶杨	*Populus simonii* Carr.	杨柳科	杨属	1	53	贺兰县金山林场北部苗圃地	x:106.147932 y:38.723942	贺兰县金山林场	
HL-Z-5	刺槐	*Robinia pseudoacacia* L.	豆科	槐属	95	52	贺兰县金山林场东北部刺槐母树林	x:106.152445 y:38.713526	贺兰县金山林场	
HL-Z-6	新疆杨	*Populus alba* var. *pyramidalis* Bge.	杨柳科	杨属	6	51	贺兰县原林科所场部院内	x:106.381934 y:38.571215	贺兰县林业和草原局	
HL-Z-7	刺槐	*Robinia pseudoacacia* L.	豆科	槐属	6	平均63年	贺兰县一中院内	x:106.342526 y:38.552847	贺兰县一中	
HL-Z-8	胡桃	*Juglans regia* L.	胡桃科	胡桃属	1	65	贺兰县洪广镇高荣11队李正荣院内	x:106.364023 y:38.744018	李正荣	
HL-Z-9	家桑	*Morus alba* L.	桑科	桑属	16	67	贺兰金贵镇雄英村六队	x:106.408012 y:38.531047	刘学军孙红孙自文	
HL-Z-10	枣	*Ziziphus jujuba* MiII	鼠李科	枣属	1	70	联星村11队观光园内	x:106.395968 y:38.490009	贺兰县林业和草原局	
HL-Z-11	胡桃	*Juglans regia* L.	胡桃科	胡桃属	4	73	联星村11队观光园内	x:106.396478 y:38.489942	贺兰县林业和草原局	
	永宁县小计				33					
YN-Z-1	胡桃	*Juglans regia* L.	胡桃科	胡桃属	12	52	永宁县迎宾大道中段路南的小公园内	x:106.270536 y:38.283756	永宁县林业和草原局	挂牌
YN-Z-2	胡桃	*Juglans regia* L.	胡桃科	胡桃属	21	51	永宁县观桥苗圃内	x:106.259114 y:38.323632	永宁县林业和草原局	挂牌

编号	树种	种拉丁名	科	属	数量/株	树龄/年	栽植地点	坐标	管护单位	备注
		灵武市小计			6 850					
LW-Z-1	枣	*Ziziphus jujuba* MiII.	鼠李科	枣属	1586	50~99	枣博园	x：106.335628	灵武市林业和草原局	
								y：38.099016		
LW-Z-2	枣	*Ziziphus jujuba* MiII.	鼠李科	枣属	5238	50~99	东塔镇	x：106.349723	灵武市林业和草原局	
								y：38.079741		
LW-Z-3	杏	*Armeniaca vulgaris* Lam.	豆科	槐属	1	53	枣博园一期西区中部	x：106.335626	灵武市林业和草原局	
								y：38.099531		
LW-Z-4	梨	*Pyrus* L	蔷薇科	梨属	10	53	枣博园一期西区中东部	x：106.333828	灵武市林业和草原局	长把梨
								y：38.099915		
LW-Z-5	梨	*Pyrus* L	蔷薇科	梨属	3	53	枣博园一期西区南部	x：106.332934	灵武市林业和草原局	冬果梨
								y：38.098427		
LW-Z-6	垂柳	*Salix babylonica* L.	杨柳科	柳属	1	51	枣博园一期西区东南	x：106.336016	灵武市林业和草原局	
								y：38.096824		
LW-Z-7	旱柳	*Salix matsudana* Koidz.	杨柳科	柳属	5	52	枣博园一期西区中部	x：106.334371	灵武市林业和草原局	
								y：38.096834		
LW-Z-8	白榆	*Ulmus pumila* L.	榆科	榆属	1	52	枣博园一期西区中部	x：106.335315	灵武市林业和草原局	
								y：38.098027		
LW-Z-9	毛白杨	*Populus tomentosa* Carr.	杨柳科	杨柳科	1	51	枣博园一期西区北部	x：106.333741	灵武市林业和草原局	
								y：38.100354		
LW-Z-10	美洲黑杨	*Populus deltoides* W. Bartr.	杨柳科	杨柳科	1	51	枣博园一期西区中西部	x：106.333627	灵武市林业和草原局	
								y：38.099656		
LW-Z-11	刺槐	*Robinia pseudoacacia* L.	豆科	槐属	1	59	灵武园艺试验场三队	x：106.354913	灵武园艺试验场	
								y：38.103441		
LW-Z-12	沙枣	*Elaeagnus angustifolia* L.	胡颓子科	胡颓子属	1	59	灵武园艺试验场三队	x：106.355124	灵武园艺试验场	
								y：38.103632		
LW-Z-13	白榆	*Ulmus pumila* L.	榆科	榆属	1	59	灵武园艺试验场三队	x：106.354918	灵武园艺试验场	
								y：38.103424		

编号	树种	种拉丁名	科	属	数量/株	树龄/年	栽植地点	坐标	管护单位	备注
宁夏灵武白芨滩国家级自然保护区小计					14					
BJT-Z-1	旱柳	*Salix matsudana* Koidz.	杨柳科	柳属	3	80	长流水管理站景区桑杏园	x:106.463123 y:37.850840	宁夏灵武白芨滩国家级自然保护区长流水管理站	
BJT-Z-2	沙枣	*Elaeagnus angustifolia* L.	胡颓子科	胡颓子属	1	65	长流水管理站景区桑杏园	x:106.461746 y:37.850840	宁夏灵武白芨滩国家级自然保护区长流水管理站	
BJT-Z-3	杏	*Armeniaca vulgaris* Lam.	豆科	槐属	9	65	长流水管理站景区桑杏园	x:106.462842 y:37.850613	宁夏灵武白芨滩国家级自然保护区长流水管理站	
BJT-Z-4	桑	*Morus alba* L.	桑科	桑属	1	80	长流水管理站景区桑杏园	x:106.463651 y:37.850826	宁夏灵武白芨滩国家级自然保护区长流水管理站	

九、银川市古树名木分布图

1. 银川市直古树名木及重点保护树木分布图
2. 兴庆区古树名木及重点保护树木分布图
3. 金凤区古树名木及重点保护树木分布图
4. 西夏区古树名木及重点保护树木分布图
5. 贺兰县古树名木及重点保护树木分布图
6. 永宁县古树名木及重点保护树木分布图
7. 灵武市古树名木及重点保护树木分布图
8. 宁夏灵武白芨滩国家级自然保护区名木分布图

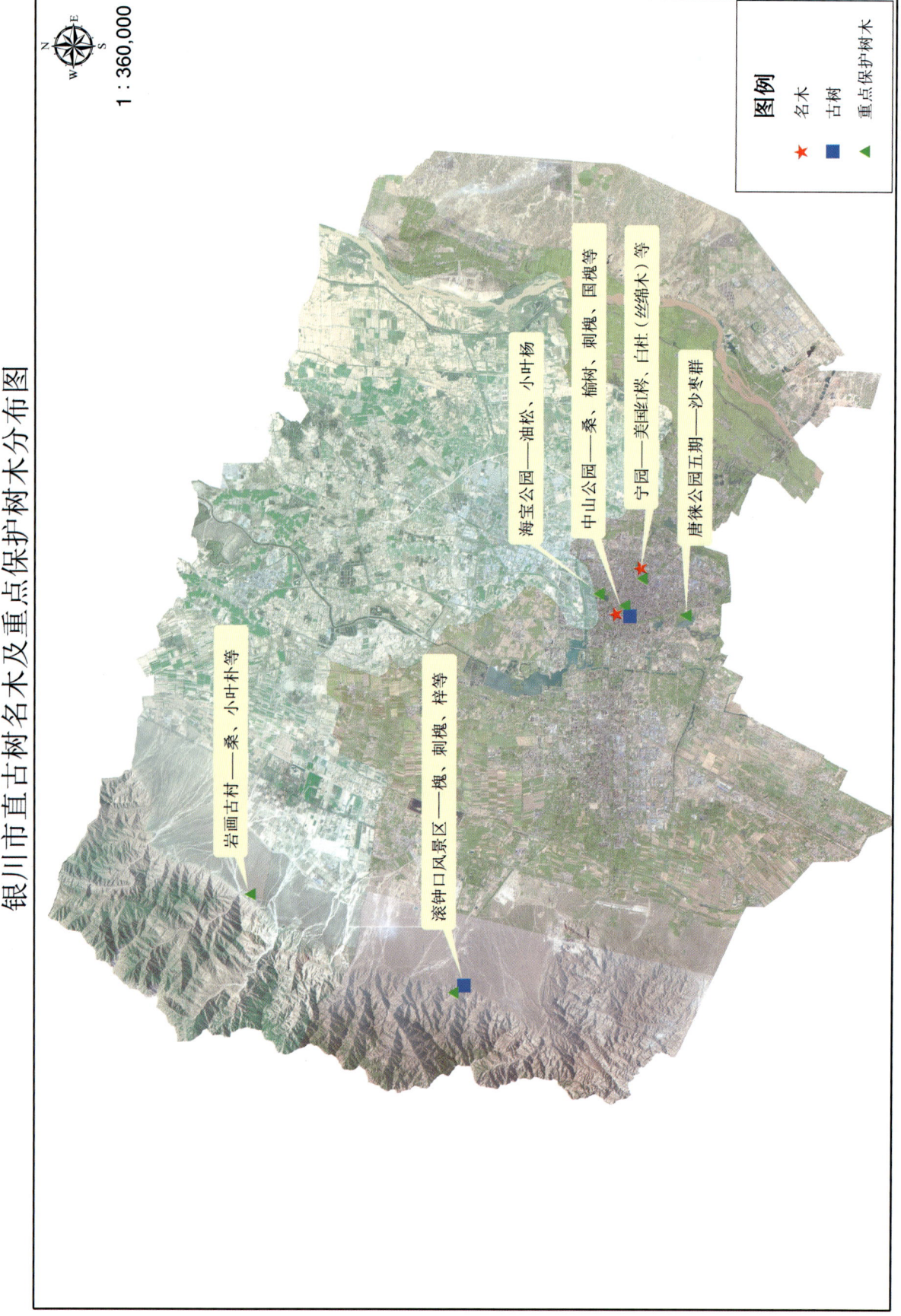

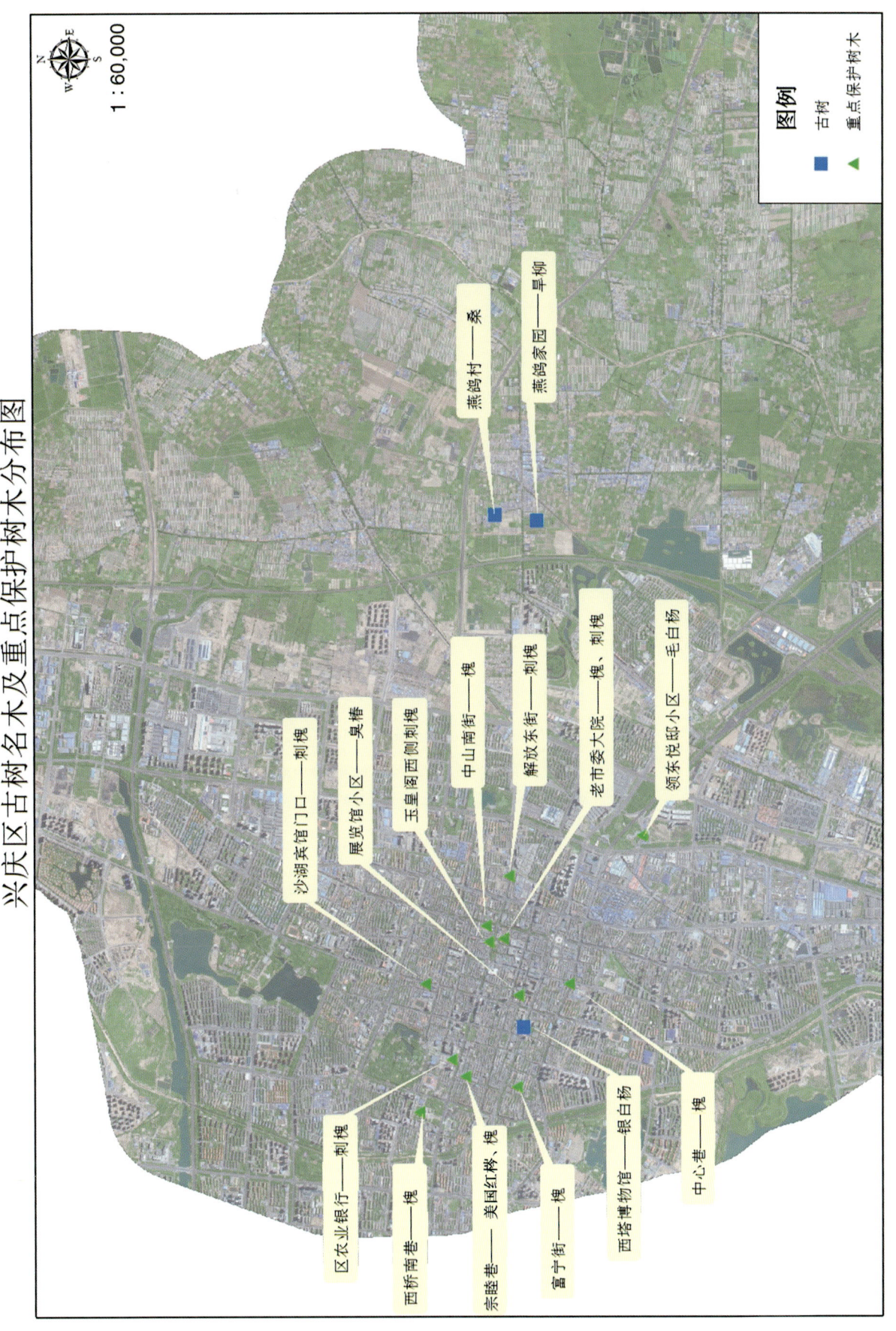

金凤区古树名木及重点保护树木分布图

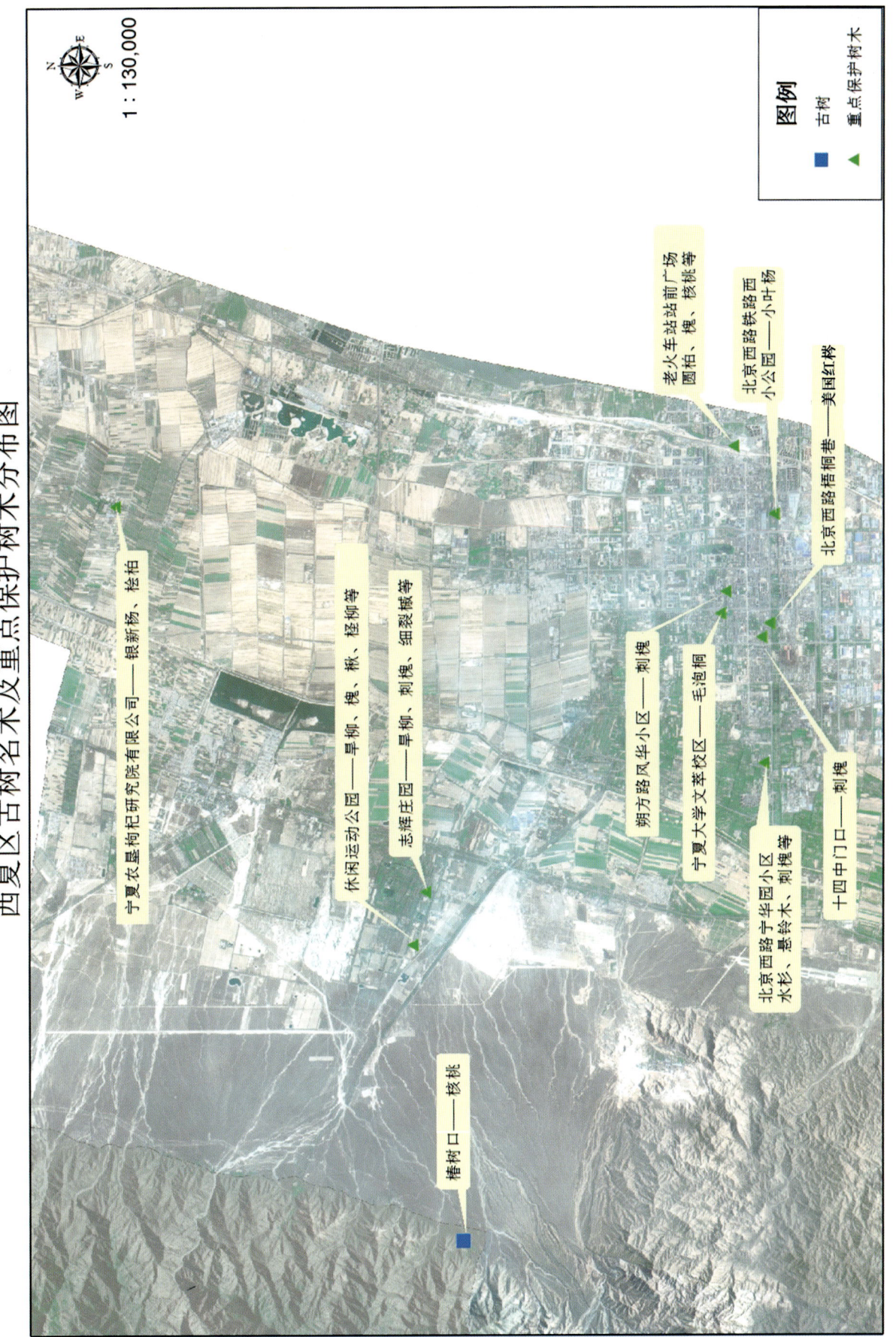

西夏区古树名木及重点保护树木分布图

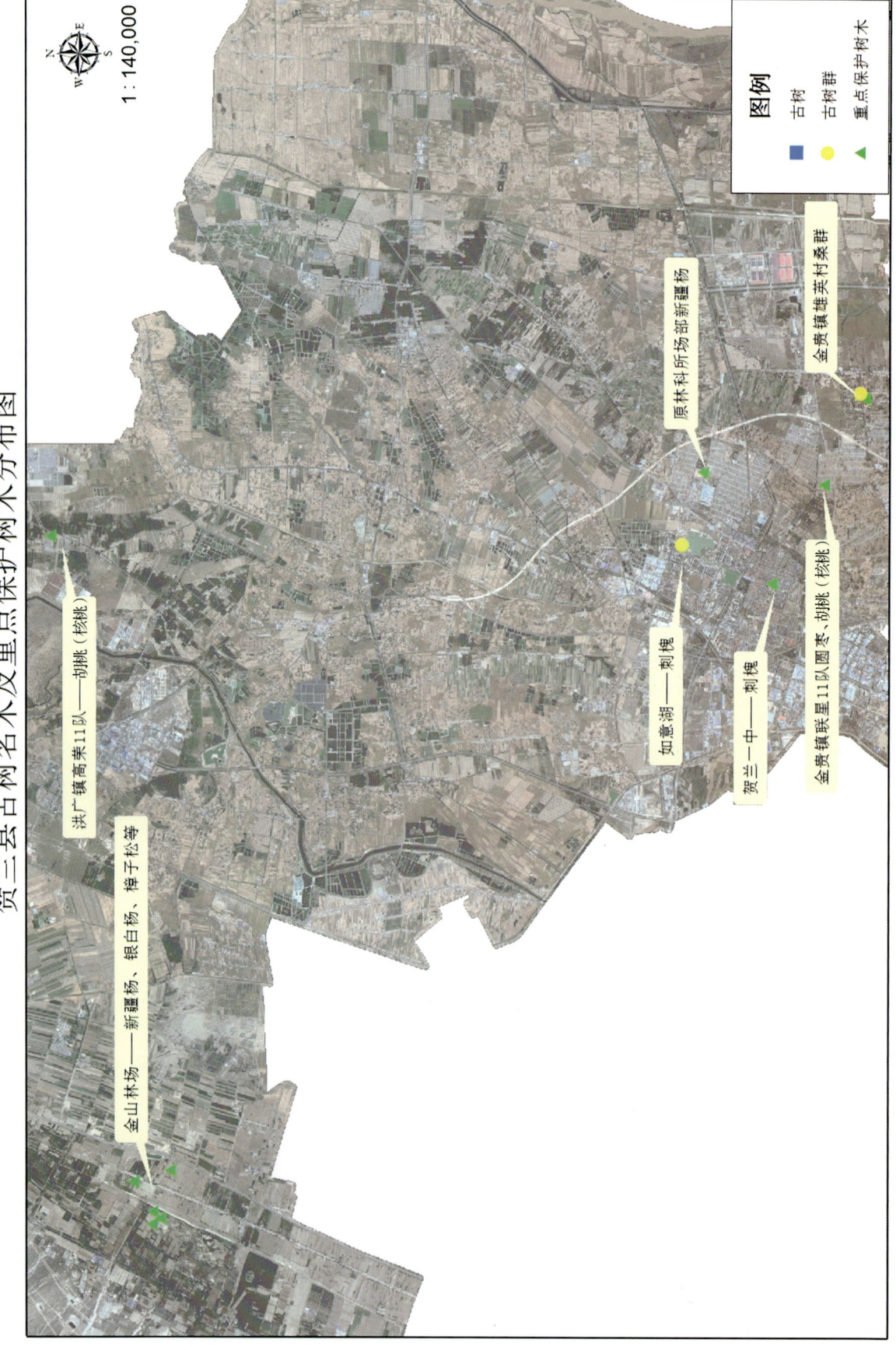

贺兰县古树名木及重点保护树木分布图

永宁县古树名木及重点保护树木分布图

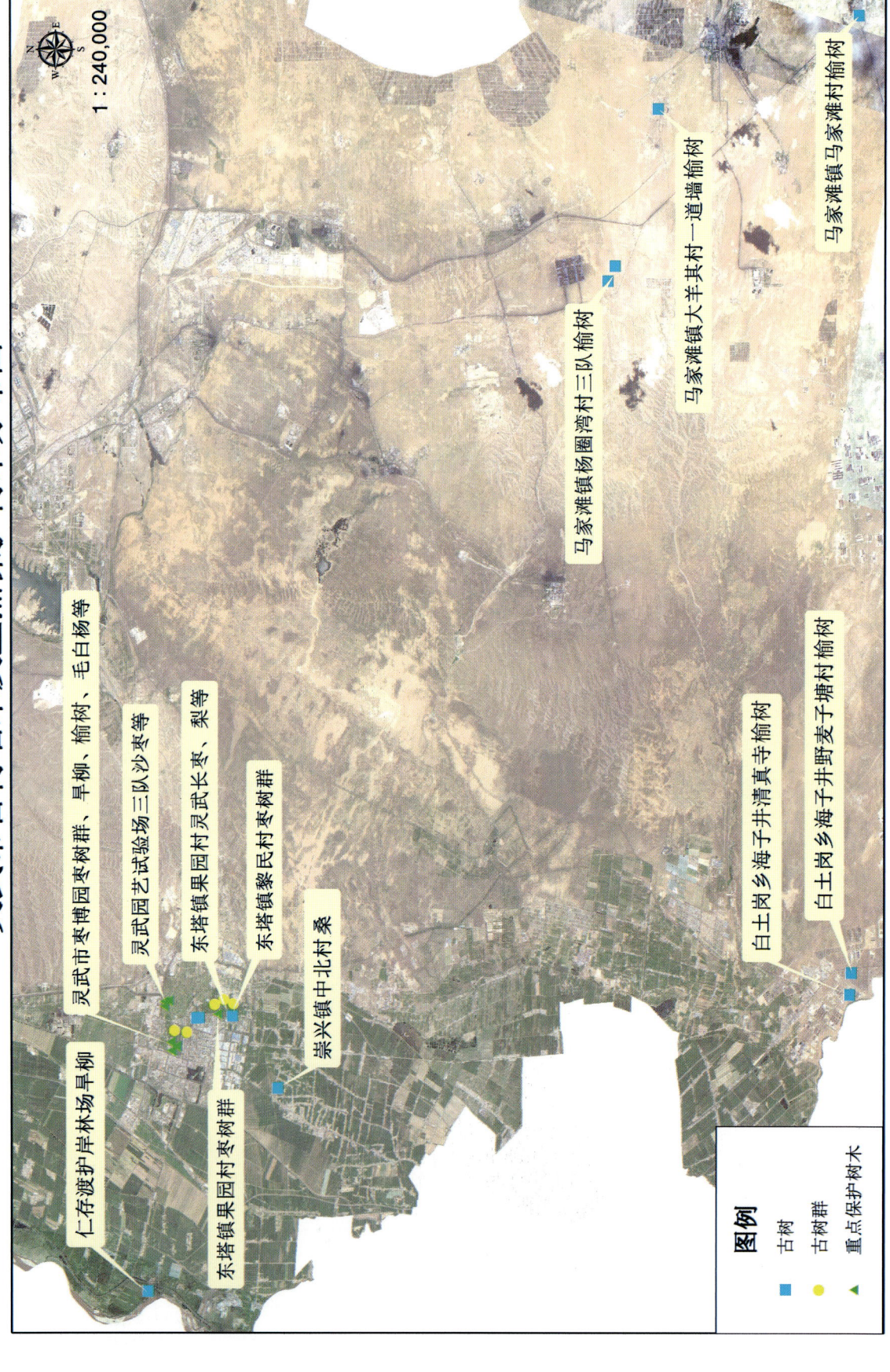

灵武市古树名木及重点保护树木分布图

宁夏灵武白芨滩国家级自然保护区古树名木分布图

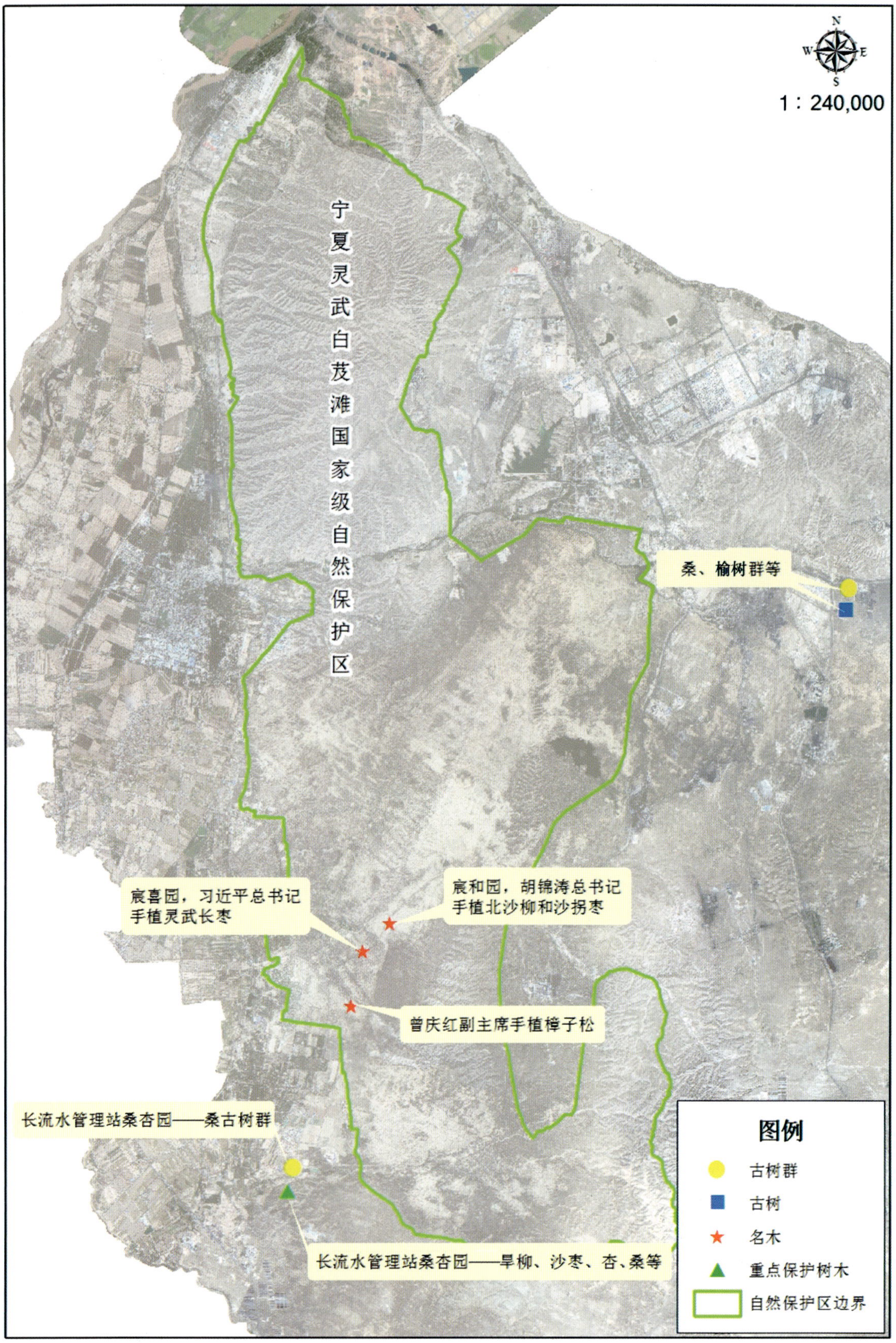

高　原

王少华摄影

宁银新出管(金)字〔2022〕第 0472 号

古老黄河风情

摄影 / 杨巨辉